大樂文化

超圖解
PDCA
會計書

暢銷
會計版

[一流的你，如何年年達成 *120*% 的年度目標？]

木村俊治◎著　　石學昌◎譯

会計がわからない課長はいらない

第1章　財務數字看不懂？本書超圖解，1小時就學會！ 013

第2章　管理業務部，你是「盯業績」還是「看利潤」？ 029

第 **3** 章　財務三表重點整理，讓管理者、投資人好輕鬆！　087

「年度預算」要怎樣訂定，你跟公司才好過？ 211

用PDCA執行目標，淨利必能達成120%！ 249

推薦序

管理的能力，
來自於精準的財務資訊判讀

勤業眾信聯合會計師事務所　戴信維會計師

「會計很難學！」時常是非財會背景的公司主管遇到的困境。

今日的商業交易模式愈來愈複雜，公司主管除了要具備銷售、生產及資訊等營運管理的專業能力外，還要具備會計的基礎知識，在瞭解公司及客戶財務資訊的重要時刻，就可以依據有用的財務資訊，做出正確的經營決策。

公司日常的營運活動，會透過會計的處理準則，衡量、記錄、整理、並彙總交易結果，編製成財務報表，讓公司主管們運用。

一流的高手主管利用這些資訊，才能做出對公司最有利的判斷，但會計書的種類那麼多，難道要全部買回家看嗎？哦！不，那是會計部門的事，不是主管的事，請記得，主管是「依據正確的資訊，作出正確的決策」。

　　作者木村俊治從新手主管的角度，以他在實務上20年的會計師工作經驗，將企業主管迫切需要的會計知識，例如：財務三表的判讀、管理會計中的衡量損益兩平、投資方案的選擇竅門、PDCA預算的編製及運用等，加以綜合重點整理成7章節8案例，隨看隨用。

　　本書中，作者以一位剛上任的主管為案例，逐步說明老闆會問的業績問題、各部門主管業務會議中提出的質問，以及客戶要求的產品行銷試算等。

　　面對這些問題，你要如何證明自己是對的？用最強有力的保證和美妙的奉承，都比不上一張會計報告的數字，來得精確、有說服力。誠如故事的主角，最後能夠掌握實際獲利狀況，並針對問題加以改善；瞭解客戶信用狀況，並決定新的授信政策；預測競爭公司業績走向，分析競爭公司的弱點。

　　對公司經營者而言，將結合預算的PDCA循環與會計，運用在經營管理上，更加能掌握進度及提升部屬的士氣。

　　因此，強烈推薦已是主管或想成為主管的人，花點時間把這本書看完，相信一定會對你未來在職場上有著莫大的幫助。

序言

一流主管不離手的會計戰術筆記

　　作者主要在討論課長階層必須理解的會計相關內容。對課長而言，究竟需要學習什麼樣的會計知識？首先必須從課長的業務內容來探討。

　　我目前是以會計師和稅理師的身分，提供中小企業總經理及大老闆等經營者各種協助。過去我曾經以業務員身分在企業任職，並且在該部門的課長指導下從事銷售工作。

　　從前的我是個不太靈光的業務員，因此想必給課長添了不少麻煩。當時課長不僅在業務上給了我許多寶貴建議，有時候還會陪著我一起拜訪客戶。但是，即使課長如此努力，我任職的部門依然難以達成預期業績。每當在營業會議上，看見課長滿頭大汗地說明無法達成業績的原因，並且被部長嚴聲厲色地指責時，我總會不自覺地感嘆：「課長還真是難為呢。」

　　如今我雖然已不再是那位課長的部屬，但能以會計師身分參與客戶企業的公司會議，並且有機會與包含許多課長在內的各層級幹部，同席聽取各部門課長報告。

概略地說，課長的工作包括支援該部門職員、達成部門業績目標、與其他部門溝通協調等。若要一言以蔽之，我認為可以將課長的工作視為「整體部門的經營管理」。

我時常指導經營者活用會計的技巧進行經營管理。雖然總經理與課長之間的權限和責任差異甚大，但同樣必須進行經營管理。同理可知，無論是總經理或課長，都必須擁有足以因應需求的會計知識。

本書中收錄了我指導經營者的會計活用技巧，並且以能運用於各部門經營管理的形式來呈現。

如果經營者不瞭解會計內容，其實等同於無法做好經營管理。實際上，我聽取過許多課長的報告，就曾經遇過以下的4種狀況。

①並未真正理解會計的定義。

舉例來說，即使大致瞭解何謂利潤，但由於未必真正懂得利潤表示的意義，因此往往會導致業績數據與部門實際狀況產生落差。

②即使讀過財務報告，由於無法通盤理解報表內容，因此無法確切掌握客戶的狀況。

③過度重視利潤，而未注意實際的金錢流動狀況，導致公司蒙受損失。

④進行錯誤的預算管理，使得部門成員失去往前邁進的動力，而無法達成目標。

只要確實理解會計結構，就能順利避免上述問題。

或許很多讀者都有「會計十分困難」這類先入為主的觀念，但是在經營管理上，課長需要的其實只是浩瀚會計知識中的一部分。只要在經營管理上加入本書介紹的會計基礎知識，並且掌握適得其所的應用技巧，就十分足夠。

舉例來說，本書內容主要包括：

- 利潤代表的真正意義
- 會計數值與金流的關連性
- 解讀財務報告所需的知識和方法
- 為了獲得利潤而需要建立的模擬架構
- 用於經營管理的正確會計方法

本書的結構是以新手課長為出發點，實際舉出在領導組織或團隊時，可能遭遇哪些經營管理問題，並運用會計知識來加以克服的實例。為了運用會計來提升經營管理能力，我將導入具體的現場事例，以求真正達到通盤理解的效果。

首先，本書從打穩基礎入門，希望讀者能將內容實際運用

在工作上。或許有些讀者在尚未學過基礎的情況下，依然能將會
計運用於現場，但是在一知半解的狀況下運用與紮實理解後再運
用，其實差異相當明顯。本書的目標，正是希望各位讀者都能充
分理解「實務會計」。

第 **1** 章

財務數字看不懂？
本書超圖解，
1小時就學會！

會計數字，你是否以為只是用來記帳呢？錯！

福田心中的不安

在七星商事任職的福田優斗，從下個月開始終於要升任夢寐以求的課長職位，然而他的心裡卻有著些許的擔憂。

「我真的能夠做好課長的工作嗎？」

在不安的情緒支使下，使得他為了提升工作能力，打算開始學習會計。於是他到書店買了學習簿記的書，並且開始在下班後及假日閱讀。

當讀了一陣子後，福田發現自己雖然知道「銷售收入」、「進貨」、「應收帳款」、「庫存資產」等專有名詞，但當讀到「分錄」一詞時，他卻一直不知道該如何理解。

福田進入公司已經屆滿12年，今年也將滿34歲。對於在工作上幾乎不曾接觸過「分錄」一詞的福田而言，即使再怎麼拚命閱讀簿記教學書籍中關於「分錄」的解說，依然完全不得其門而

入。

原本認為既然要擔任課長，就必須多少瞭解會計內容而決心開始學習簿記，但實際接觸之後，卻始終找不出會計和工作之間的關連性，因而碰上了撞牆期。

如果不弄懂簿記，恐怕難以勝任課長的工作。光是想到這一點，福田心中的不安就不斷地擴大。

當他反覆地思考後，決定不再一個人深陷苦惱，打算去找前輩神木課長商量。

神木課長是年齡整整大上自己一輪的公司老鳥，同時也是業績名列前茅的營業一課課長。在公司裡更被視為下任部長接班人的風雲人物。由於兩人分屬不同部門，因此過去並未有過太多交集。但是，如果真心想要學習，還是向擁有實戰經驗的專業人士學習，才是最快的方法。於是福田下定決心找神木課長商量，而對方也爽快答應，並且約好共進午餐時一起討論。

「謝謝您特地撥時間給我。」

「小事情啦。而且我從前也和你有過類似的撞牆期。你想問我什麼？」

會計 ≠ 簿記

「我想神木課長應該已經聽說了，我從下個月開始要升任營業五課的課長，為了加強會計方面的知識，我也去買了簿記的書來讀，但是卻怎麼讀都讀不通……。所以我擔心這樣下去會有問題，然後就越想越覺得不安……」

「你說你在讀簿記的書？你還真是認真向學耶。不過，課長的工作其實用不到簿記喔。」

「咦！真的嗎？我一直以為如果要學習會計，就必須先從簿記入門才行呢。」

「看來你好像搞錯了什麼。我覺得學習簿記當然是一件好事，但是我們的工作並不是管理帳務，所以基本上還是用不到簿記。」

「原來是這樣子啊……」

「不過，為了完成課長的工作，將重點放在會計上是很聰明的做法。如果要扮演好課長的角色，就會需要更多會計的相關知識。如果能夠弄懂簿記當然最好，但是我認為更重要的是學習會計的運用方式。」

「您是說會計的運用方式嗎？」

「提到會計兩個字，往往就會想到必須和一堆困難的數字

打交道，但其實並不是如此。我本身在工作上也經常用到會計。例如報告每個月的業績時，大多會提出本月營業額為100萬元，利潤為10萬元這樣的數字，這就是會計的用法之一。另外像是解讀財務報告來瞭解客戶狀況，或是訂立預算等，其實都用得上會計。」

「原來如此。不過，我自己倒是沒有什麼使用會計的實際感覺。」

「這樣啊。可是其實工作上很多時候都在使用會計，只不過是自己沒有發現而已。所以只要瞭解會計的知識，再把運用方法學起來就行了。」

感受到神木課長漸漸投入話題的福田，也跟著專注地點頭聽著他所說的每一句話。

課長的部門管理

「聽好了，福田，課長的工作其實就等同於部門的經營管理。你必須理解公司的方針，讓部門的目標明確化，並且帶領部門成員達成該目標，我認為這才是課長的工作。因為在許多業務當中或多或少都會用到會計，所以如果沒有確實學好會計，很可能會不小心用到錯誤的知識。」

「我雖然還算擅長銷售這一塊，但卻不太瞭解財務報告的解讀方法，提到利潤之類的數字時也沒什麼自信⋯⋯。不過，聽完您說不用學習簿記後，我好像變得比較有幹勁了。對了，我可以請教神木課長都是怎麼學習會計的嗎？」

「其實我的父親在經營會計事務所，我從學生時期就一直跟著他學習，所以像是簿記、解讀財務報告或是會計的用法等，其實都還算學得蠻徹底的。」

「這麼說來您簡直就和專家沒兩樣了嘛。」

「沒有那麼厲害啦。那時候我也是被父親半強迫地學。後來選擇了現在這份工作，順利地升上課長，才知道當時所學的知識和技巧能夠應用在許多地方，如今我倒是很感謝我父親呢。」

「原來如此。今後也希望您可以多多指教。」

「我可以教你會計應該如何運用在工作上，如果有不懂的地方，儘管來問我吧。」

01　學校沒教，但你一定要知道兩種會計報告

閱讀重點→

會計可分為財務會計和管理會計兩種。熟讀本章節後就能瞭解兩種會計各自的用途。

　　或許有很多讀者如同前述故事中登場的福田優斗一樣，將會計和簿記畫上了等號。事實上，簿記只是會計的領域之一，好好學習自然有其優點，但含辛茹苦地考取簿記證照，實際上在任職的部門中，往往不易派上用場。

　　另外，多數人總認為學習會計必定伴隨著相當的難度，但其實每個人在平日的工作中，不自覺會用上會計的知識和技巧。

　　首先只要瞭解這樣的事實，就能消除對於會計的過敏反應。接著，只要透過本書深入學習會計的知識，就能確實提升課長必須具備的經營管理能力。

會計共可分為兩大類別

接下來的內容希望各位讀者能夠當成一般知識來學習。會計可大致區分為兩大類別，也就是財務會計和管理會計。

財務會計

所謂的財務會計，是用於表示公司經營業績和財務狀況的會計方式。原本會計的起源，就是為了向出資者報告如何運用其投資的資金所逐漸發展而來，而聽取報告的一方若每次都碰上不同形式的報告，理解上自然會產生困難。因此才會逐漸衍生出基於一定的規則來進行報告的方式。

當中代表性的報告書形式，包括損益表、資產負債表及現金流量表等表格在內的財務報告。另外則是用於製作財務報告時記錄交易內容的簿記。

管理會計

管理會計則是適用於公司管理的會計方式。簡單地說，這是為了進行經營管理所發展出的會計。

通常而言，管理會計多用於管理部門業績，或是各種模擬試算上。管理會計需基於一定的規則進行，但同時也是管理者或使

用者可因應目的自由調整運用方式的可變動式會計。

在學習會計時，首先應該先學會財務會計當中必須遵行的規則，之後再學習管理會計。此順序可讓學習過程更加順利快速。

而對於聽見財務會計和管理會計等名詞，依然一頭霧水的人，作者則採用了更易於理解，且實際導入會計的各種模擬場面，並將其區分為「報告」、「理解」、「活用」三大項目來進行解說。

02 懂財務數字背後的問題，你就能拯救一家危機公司

閱讀重點→

區分財務會計和管理會計的使用差異，並透過模擬，認識在商務場合中的運用方式。

在此將逐一說明需要運用會計的三大場合，讓我們來看看身為課長所必要的會計知識內容。

依據目的而不同的使用方式

進行報告

當上課長之後，就會多出向部長等上級報告部門業績的業務。當要把資料寫成報告書時，面對排山倒海而來的各種數據，例如「銷售收入200萬元，銷售成本100萬元，人事費70萬元，廣告宣傳費10萬元」，應該要怎麼整理成報告呢？

如果只是口頭報告倒還好，但如果如上述般條列式地陳列數據，可以想見聽取報告的一方也會多少感到困擾，而多數情況下

還會請你重新整理成如圖1-1的報告。

1-1　銷售業績報告範例

（單位：百萬元）

銷售收入	200
銷售成本	100
銷售毛利	**100**
人事	70
廣告宣傳費	10
合計	**80**
營業淨利	**20**

圖1-1的報告書格式，即是名為「損益表」的財務報告書當中的一部分。

因此，該損益表的格式，被視為報告業績的標準格式之一。而透過標準格式所呈現的數據，也能更加順暢無礙地傳達給聽取報告的一方。

而正如此例，報告業績時必定會用上會計的知識。或許各位讀者會質疑「這樣的內容就能算是會計了嗎？」但這的確就是貨真價實的會計。

請試著站在聽取報告者的立場思考。如果每個人都以各自不同的方式進行報告，可以想見光是理解就必須費上好一番工夫。

特別是在報告業績時，只要能夠「依循標準格式進行報告」，就可算突破了第一道關卡。報告內容不外乎是銷售收入、銷售成本及結果創造出了多少利潤等。

但是，有一部分的人經常會僅止於報告銷售收入，而忽略了利潤等重要內容。此時部長或董事可能就會對此提出質疑，導致整場報告最終以失敗收場。為了避免這類狀況發生，希望各位能夠將「依循標準格式進行報告」這一點謹記於心。

用於理解

在聽取及解讀報告內容時，會計同樣能派上用場。

當對方好不容易準備好報告時，身為聽取方的自己卻因為缺少會計知識，而無法通盤理解報告內容。例如部門同仁以剛才圖1-1的格式進行報告，但自己因為不懂該格式中的用語而無法和對方討論，就是一件相當可惜的事。

另外，在進行公司的業績報告時，多會使用名為「財務報告」的工具。擔任課長時，經常必須從部屬手中接過客戶的財務報告，並且判斷是否要開始或繼續和該客戶做生意。此時若無法解讀財務報告內容，自然沒辦法做出最正確的判斷。

一般而言，多數公司會從聯合徵信中心取得往來企業或公司的報告書，並且基於其內容和評價來進行判斷。但若能藉由解讀

財務報告做出判斷，然後再與聯合徵信中心的判斷加以比較，就能提升聯合徵信中心調查報告的可信度。

加以活用

這是課長必須學會並善加運用的概念。在逐漸習慣經營管理工作後，應該更積極地活用學到的會計知識。

當肩負起部門的經營管理時，常必須設定該部門的營業目標金額。在進行為設定目標金額所做的模擬試算時，會計必定能夠幫上大忙。

舉例來說，計算需要創造出多少銷售收入，才能確保必須利潤時，或是計算相對銷售數量時，活用會計是不可或缺的技巧。

如果不瞭解正確的計算方法而進行錯誤的試算，並且將該數字設定為業績目標，可能導致無法順利營運的可能性。

在進行部門的經營管理時，往往必須分析部門現況並找出問題，然後針對該問題思考解決之道。若能在此時導入會計，就能讓問題更加明確地浮上檯面。換句話說，瞭解會計後才能看見真正的問題所在，而如果對會計一知半解，就容易連問題都變得難以察覺。

上述內容說明了三種用得上會計的場合，包括「進行報告」、「用於理解」時使用的財務會計，以及「加以活用」時的

管理會計。

　　而在下一章當中，我們將先從「進行報告」與「用於理解」的財務會計部分開始學習。

POINT OF THIS CHAPTER

本章重點整理

☑ 會計可分為財務會計和管理會計兩大類別。

☑ 簿記僅為會計的領域之一，和課長的業務並沒有直接關連。

☑ 財務會計用於表示公司的經營業績和財務狀況。

☑ 管理會計適用於管理業績等各種模擬試算的狀況中。

☑ 會計的運用方法會依據使用目的而不同，主要包括「進行報告」、「用於理解」、「加以活用」三大場合。

第 **2** 章

管理業務部，你是「盯業績」還是「看利潤」？

為何業務部要做「假業績」？
因為你要求……

丸味百貨的生意

福田當上營業課長後，某次部門職員裡的田中健二主動向他提出開發新客戶的提案。

田中是半年前以二度就業身分進入公司的45歲職員，年紀比身為課長的福田還要大。過去他原本任職於食品公司，擔任業務的年資也比福田要長，因此和方升任課長不久的福田關係並不算好。由於起初田中不主動報告工作進度，因此福田常會向他詢問各種事項，但對方卻總是若有似無地迴避。近來福田則開始採取不躁進的觀察態度。由於田中的資歷頗長，因此客戶對於他的工作能力及狀況也多給予不差的正面評價。

「福田課長，關於丸味百貨的這筆生意，目前我方已經可以向對方提出報價了。另外我也爭取到雜貨區的一個開架，可以將我們公司的商品上架銷售。三間店鋪合計每個月的營業額預估約500萬元，只是商品銷售價格可能得壓低才行。」

「每個月500萬元嗎？如果有利潤應該不錯呢。」

「我當然會以爭取利潤為前提努力交涉。這次商品的進貨廠商是櫻井工業，銷售定價會以進貨價格來調整，不過我想應該不成問題才對。」

「這樣啊。不過，記得不要造成櫻井工業太大的困擾。畢竟我們公司和對方往來已經很久了。」

「我會留意的。」

一次採購半年的存貨

提案後過了幾天，田中拜訪了進貨商櫻井工業的社長櫻井。

「社長，先前向您提過關於在丸味百貨鋪貨上架一事，目前大致已經敲定合約了。只是，現在問題還是出在進貨價格上。我們希望您可以將每一個商品價格調低100元，也就是以1,800元的價格賣給我們。由於幾乎已經確定可以上架，所以就只剩下價格的問題而已。」

「我知道你們的立場，不過如果再調低價格，我們就沒有任何利潤可賺了。」

「這一點能不能請您想想辦法呢？」

「嗯，那麼這樣如何？貴公司可以一次向我們採購15,000個嗎？」

「您是說15,000個嗎？這相當於半年的份量呢。」

田中一邊和對方社長討論，一邊逕自思索起來。由於目前的銷售價與進貨價幾乎一樣，因此若對方不調低價格，進貨也會產生困難。不過，如果不考慮利潤，這次的讓步或許可以加深雙方的關係，並且創造出更多往來交易的機會。雖然一次購入半年份的庫存商品，但之後遲早能夠出清存貨，所以接受對方的條件應該也不成問題才對。

「我明白了，社長。那麼我會請採購部門下單，就請您依照剛才的條件出貨吧。」

於是，完成進貨作業的田中，接著前往拜訪丸味百貨的京橋課長。

田中過去任職於食品公司時，曾經與丸味百貨有過生意往來，於是他透過當時的負責人聯絡上京橋課長，並且從半年前就開始進行這次的商談。由於雙方逐漸達成共識，因此公司的商品距離在百貨上架也只差一步了。

「京橋課長，關於讓我們在百貨公司鋪貨一事，麻煩您安排了。我們會盡量按照您希望的價格提供商品。」

「那真是太好了。我們原本的供貨商玉井商事突然說要停止

往來，大企業還真是難相處呢。因為對方要求提高出貨價格，如果不按照該價格收購，對方就要中止和我們的往來。聽起來真的很讓人生氣。不好意思，我不小心就開始抱怨起來了。關於這次鋪貨一事，希望貴公司可以盡快把所有商品上架。」

「對方這麼做真是令人困擾呢。請務必交給我們公司，我會盡快安排，從下個月開始就能確保架上擺滿商品。」

「謝謝您的幫忙。關於這一次的付款方式，我們希望在每月20號關帳，然後在下個月10號以90天到期的支票支付。另外每個月都會向貴公司回報銷售狀況，所以也要麻煩貴公司根據出貨狀況提供請款單。」

「我明白了。」

一張2,700萬的請款單

「由於貨架是賣場的門面，所以希望貴公司能夠隨時讓貨架保持商品滿架的狀態。另外，我想田中先生應該也知道，貴公司必須提撥部分銷售金額作為宣傳費，這部分我們希望每個月向貴公司收取10萬元。」

田中不禁在心裡大喊不妙。因為他完全忘記了必須支付宣傳費用一事。如果將宣傳費列入計算，公司幾乎就無法獲得任何利

潤了。然而當他稍做思考後，還是認為這是維持銷售收入所必須的經費，無可奈何下還是同意了對方收取宣傳費的要求。雖然條件對己方不怎麼有利，但這麼一來就能留住大客戶，而且也能以此為開端持續增加往來機會和買賣金額，照這麼計算，一年後要突破1,000萬元也不是什麼難事才對。

然而，這次的交涉當中其實隱藏著一個很大的陷阱。

和丸味百貨之間買賣開始的隔月，看到櫻井工業送來的請款單時，福田不禁大吃一驚。因為請款單上竟寫著2,700萬元。明明每個月只有500萬元左右的銷售收入，為何會冒出這麼一大筆金額？由於第一次進貨時為了填滿貨架，可能因此大量進貨而導致如此龐大的款項支出。於是福田拿出財務報告確認，結果竟發現了令人瞠目結舌的數字。

銷售收入100萬元？進貨成本90萬元？太奇怪了。從賣場的狀況看來，店面陳列商品的數量至少也有500萬元才對。感到無法理解的福田，於是便叫來負責這筆生意的田中問個清楚。

「田中，櫻井工業送來了一張2,700萬元的請款單，這是不是出了什麼問題？還有上個月丸味百貨的銷售收入應該是500萬元，但結果卻只有100萬元，這又是怎麼回事？進貨單價和銷售單價應該都有按照當初的報價進行吧？」

「當然，銷售價格是每件2,000元，而進貨價格則是每件

1,800元。全都是按照當初您批准的報價交易。」

「不過請款金額和銷售報告……」

銷售收入和預測的不一樣

「櫻井工業的請款金額是因為我方大量進貨的關係。對方表示如果不進這麼大的量，就沒辦法配合我方的報價……，這一點我沒有先向課長報告嗎？不過，這些商品最後都會變成庫存，所以並不會影響收益。另外關於銷售方面，我們也是確定可以在百貨公司鋪貨後才決定進貨的。另外，我們是向百貨公司租借貨架，而實際上架銷售則是從月底開始，所以店面的實際銷售收入才會只有100萬左右。」

田中用一副理所當然的表情說著，而福田則是心裡多少有了個底。

看來和百貨公司做生意就是這麼回事。雖然乍看之下只是單純地鋪貨販賣來創造銷售收入，但實際狀況似乎和自己所預測的不太一樣。

當初沒有詳細確認，事到如今確實有些後悔。而聽完田中的說明後，福田之所以會感到安心，則是因為只要把請款書上的2,700萬元未列入費用當中，部門的業績就不會因此受到影響。反

正這些庫存遲早都會出貨，而財務部門提供的銷售收入報告似乎也未將2,700萬元計入經費當中。

雖然福田對於銷售數據，和自己所預想的狀況不同一事依然感到有些疑惑，但他還是決定之後要再找機會，和神木課長談談關於銷售收入和支出費用的計入時機。

接下來的幾個月，福田幾乎每天都忙得不可開交，幾乎忙到連向神木課長請益的時間都空不出來。

「福田課長，這個月丸味百貨宣傳費的請款單也送到了，麻煩您處理一下。我們只要提撥宣傳費，對方就願意繼續提供更多貨架讓我們鋪貨，這麼一來銷售收入就能夠跟著提升了。不過，對方也希望從下個月開始，能夠給他們一些出貨價格的折扣，當然是在我們能夠確保獲得利潤的範圍之內。雖然這樣目標獲利率會下降到10％，但我認為長期來看，應該可以提高銷售收入和利潤。」

部門銷售收入的提升

田中的提案令福田課長十分苦惱。除了必須每個月提撥宣傳費，如果在進貨價格上再讓步，對部門的業績必定會有不小的影響。但是，確認過銷售收入報告書後，利潤和銷售收入確實都有提升。

　　雖然收益率稍微下滑，但只要薄利多銷，應該遲早可以讓獲利恢復到一定水準，所以當時福田才會認同這筆交易。

　　「多虧了田中幫忙，部門業績才能順利地提升。因為我才剛當上課長，有很多事都覺得很不放心，但是看見你這麼活躍，我似乎也找回了自信。部門裡的其他伙伴，也都說要向田中看齊呢。」

　　「您太誇獎了啦。只要有我能做的事請儘管交代。我們一起讓部門變成業績NO.1的部門吧！」

　　起初福田雖然心中充滿了不安，但看見銷售收入和利潤確實都有提升後，也令他首次感受到身為課長的工作價值。

　　之後在某次營業會議上，輪到了福田說明本月的營業成績。

　　「本月的銷售收入和利潤都比前年大幅提升。這是由於新的合作伙伴丸味百貨，對於銷售額做出了貢獻的關係。只要照這樣下去，我認為應該能夠順利達成本期的業績目標。」

　　然而，聽完福田說明的松坂部長卻露出了驚訝的神情。

　　「福田，你是認真的嗎？能夠達成業績目標？你到底是看了哪個數字才做出這種判斷的？雖然銷售數字確實不錯，但別說是要獲利了，整體看來比去年還低了許多吧？」

　　「咦，請問您是從哪裡看出來的？」

營業報告書的獲利

「我指的不是銷售報告，而是營業報告書。你有從營業報告看過自己部門的營業成績嗎？既然都已經當上課長了，如果還不懂得解讀營業報告來管理整個部門，對高層來說會很傷腦筋的。」

依然一頭霧水的福田，於是先照著部長指示將銷售收入報告和營業報告加以比較。結果竟然發現銷售收入報告中雖然顯示獲利，但營業報告中的獲利狀況卻比前一年來得低。

銷售收入報告書

	預期目標		前期		本期	
	銷售收入	毛利	銷售收入	毛利	銷售收入	毛利
A公司	30,000	3,000	29,700	2,970	29,730	2,940
B公司	25,000	2,500	24,750	2,475	24,775	2,450
C公司	40,000	3,800	39,960	3,796	39,560	3,758
⋮ 丸味 百貨	⋮ 0	⋮ 0	⋮ 0	⋮ 0	⋮ 16,500	⋮ 1,320
合計	303,600	59,400	297,528	58,212	315,744	59,334

營業報告書

	預期目標	前期	本期
銷售收入	303,600	297,528	315,744
進貨成本	244,200	239,316	256,410
銷售毛利	**59,400**	**58,212**	**59,334**
人事費	12,600	12,348	12,348
物流費	11,220	10,996	11,325
交通費	1,584	1,552	1,552
宣傳費	1,320	1,294	2,717
管理費	7,656	7,503	7,510
小計	**34,380**	**33,693**	**35,452**
營業淨利	**25,020**	**24,519**	**23,882**

　　由於在當上課長之前都只有注意銷售金額，使得福田從未發現這件事。過去的自己一直都以為只要銷售收入增加，利潤也會跟著成長。

　　受到當頭棒喝而腦中一片混亂的福田，此時又受到倉儲課長的二次打擊。

存貨及倒帳的質疑

　　「福田課長，您可以設法處理一下丸味百貨的商品嗎？我知

道對方是很重要的客戶，但是庫存實在增加得太快了。進貨數量這麼多，退貨的狀況應該也很嚴重吧？」

當倉儲課長率先發難後，其他部門的課長也接著陸續把矛頭指向了福田。

「福田課長，昨天我聽說丸味百貨的經營狀況好像不太穩定，對方因為投資衍生性金融商品，導致了很大的損失，甚至有可能倒閉呢。」

「你以為一直累積應收帳款就行了嗎？如果對方倒閉而收不回帳款，到時候可是得用應收帳款10倍以上的銷售收入才能填補。而且庫存數量還那麼多，福田課長，你得想辦法處理才行喔。」

「福田課長，你應該再一次仔細評估和丸味百貨的合作關係。不好意思，神木課長，能不能拜託你給他一些建議呢？」

聽見松坂部長的指示，神木課長只是低聲回應：「我知道了。」

而此刻的福田早已完全陷入不知所措的狀態。

為什麼銷售收入明明提升，但實際的淨利卻反而下滑了呢？

還有，為何庫存會持續增加？

丸味百貨有可能倒閉？而且如果對方倒閉，就得用10倍以上

的銷售收入才能填補損失？這到底是怎麼一回事？

　　不久之前好不容易才找回身為課長的自信，如今卻又碰上如此令自己完全摸不著頭緒的狀況。看來只能下定決心向神木課長請教才行了。當福田如此想著並且將視線投向神木課長時，才發現對方也正以一副瞭然於胸似的表情望著自己。

銷售收入與成本的認列

　　「神木課長，我似乎太過注意銷售收入，而完全不懂關於利潤方面的事。自己在當上課長之前，總認為只要注重銷售狀況和數字就行了，還有剛才的會議上，大家所提的各種意見也是聽得我一頭霧水。能請您利用這個機會教我嗎？」

　　「當然可以啊。」

　　「謝謝您願意不吝指教。關於這一次的狀況，我有幾點想要請教您。」

　　「那我們就一點一點來討論吧。」

　　「好的。首先是關於銷售收入的問題。銷售收入究竟應該如何計入才對呢？這次和丸味百貨的交易中，我一直都認為只要在出貨時計入就行了，但事實上好像不是這樣，也不是在收回款項的時候計入的樣子。」

「其實應該在確定銷貨收入確實入帳的時候才進行認列。例如像是我們進行商品銷售，並且也確定對方會購買時。一般來說，大多是指我方下單，而對方也如期交貨，使得買賣得以成立的時候。這一次我認為應該在丸味百貨進行店面銷售，而我們確實收到對方款項時再計入銷貨收入。」

「原來是這樣子啊。那麼，請問成本又該怎麼計算？因為進貨後也不知道什麼時候才會轉成可運用的資金。所以我才會在看到2,700萬元請款單時，一瞬間誤以為這筆錢會變成進貨成本。」

「在進貨時，財務部門會認定該筆交易成立，即使尚未支付或匯入款項，交易成立時會計人員已入帳。而當商品銷售出去時，才會轉為進貨成本。在售出之前則只能視為公司資產，也就是以庫存的狀態存在。所以在銷售成立前，都不會以進貨成本計入營業報告和銷售收入報告裡。」

「既然如此，倉儲課長為什麼會希望我設法處理庫存呢？如果照您的說法來看，反正這些庫存遲早都會銷售出去，即使放著應該也沒有關係吧？」

「我剛才說過，進貨的商品如果沒有銷售，就不會變成進貨成本，當然也不會對利潤造成影響。」

「是的。」

「但是，所謂的商品必須用現金來購買。所以如果賣不出

去，就等於金錢一直積壓在倉庫裡。如果錢一直保留在倉庫裡而沒有流動，你不覺得是一件很浪費的事嗎？」

「可是，商品也不會因此不見啊……」

賣不出去的庫存＝積壓現金

「福田課長，所謂公司就是運用現有資產和現金來賺取利潤，如此才能維持公司的發展。即使不斷增加商品庫存量，如果無法賣出商品，當然就無法回收所投入的現金，如此一來就無法獲得利潤。或許正如你所說的，放著不管並不會造成帳上損失。但是存貨如果一直堆放在倉庫，不但價值會降低，也可能因為無法售出而超過使用或保存期限，最後落得只能報廢的下場。」

「我明白了。這麼一來我想自己就能切中要點地向田中說明關於庫存的問題了。另外，關於會議中部長所指正營業報告書中關於利潤的問題，我原本以為自己也很瞭解利潤的變化，結果好像不是這麼回事。請問我應該管理的是銷售收入報告還是營業報告上的利潤呢？」

「這一點其實會因為職位不同而改變，像我們這些銷售部門的課長，就應該負責管理各自所屬部門的營業利潤。至於在當上課長之前，我覺得則應該重視銷售收入和毛利。」

「沒錯，從前的我確實只會注意銷售收入和毛利而已。」

「但是當上課長後，包括和所屬部門相關的銷售收入、銷售成本、人事費用、宣傳費用等相關收支都會是自己的責任。所以為了確保經營利潤，就必須確實地控管銷售收入、成本和各種收支。雖然我剛才說過公司要生存就必須持續賺錢，但是如果無法做好各種經營管理的工作，而只是一味地想要賺錢，其實也一樣難以讓公司長久維持。」

「那麼，請問我到底應該注意什麼？」

只有確實收回帳款，公司才會獲利

「簡單來說，你應該注意能夠加以計算的利潤，並且同時進行經營管理的工作。但是我希望你可以捨棄『預期利潤帳款遲早能收回』的想法，然後再一次解讀你手上的營業報告書。」

「好的。看起來銷售毛利確實有增加，但是營業淨利卻反而減少了。」

「原因就出在宣傳費用上。因為宣傳費用比銷售毛利還高，才會使得營業淨利減少。結果就是導致部門的預期業績比前期來得低。另外由於庫存數字也沒有出現在這份報告書上，所以你也應該好好確認實際的庫存狀況。如果庫存始終無法銷售出去，就

會導致存貨價值降低甚至必須報廢，到時候庫存就會計入報廢損失，如此一來就為時太晚了。最後，你也必須注意應收帳款的狀況。只有確實收回帳款公司才能獲利，而如果最後變成呆帳，就算商品銷售出去並且計入銷售收入中，最後公司還是無法獲得實際的利潤。」

「原來如此！剛才的會議中，財務課長也提到了應收帳款的問題，而且還說如果被倒帳，就得設法賺到相當於應收帳款10倍的銷售收入。請問這到底是什麼意思呢？」

「財務課長的意思是說一旦無法收回應收帳款，就必須達成10倍的銷售收入才足以彌補該損失。我舉個簡單的例子，假設銷售收入是100，而利潤是10，當無法收回這100的銷售收入，會變得如何呢？當然會造成100的損失。而為了補回這些損失，就會需要100的利潤。而如果要創造出100的利潤，就必須銷售出每100的銷售收入能夠產生10利潤的商品才行，如此一來，自然可以推算出需要1,000的銷售收入才能打平。」

「原來是這麼一回事啊。」

01 業務員愛降價促銷，但你知道利潤會損失多少？

閱讀重點→

銷售收入和營業淨利有著密不可分的關係。閱讀本章節後將可從各項費用的變化，理解收益的變化過程。

　　讀過案例2後，不曉得各位有什麼想法呢？雖然篇幅不長，但從當中各種狀況來看，不難看出這正是在實際第一線常見的失敗實例。

　　從現在開始我們將一邊探討方才的例子，一邊詳細說明身為課長必備的會計基礎知識。

　　但是在這之前，先讓我們再一次複習案例2進行的買賣內容。

- 需向櫻井工業買進鋪貨於丸味百貨的商品。

- 櫻井工業的進貨價從1,900元調降至1,800元，但相對地必須一次進貨半年份，相當於15,000個商品。

- 丸味百貨開出的付款條件為「每月20號關帳後的隔月10號，以90天到期的支票支付貨款。

- 公司需每月支付丸味百貨10萬元的宣傳費用。

- 另外雖已在丸味百貨鋪貨上架，但必須待實際銷售後，才能計入銷售收入中。

福田優斗和田中健二所進行的上述5項交易，其實對公司而言，是一次極為不利的契約。

原本以為能夠每月穩健獲得500萬元的銷售收入，但銷售收入卻僅只有實際銷售出的商品所計算的數字，加上必須等到三個月後才能收回帳款，更何況櫻井工業還會向我方請求15,000個商品的貨款。

回頭來看，兩人究竟應該具備什麼樣的知識，才能避免碰上如此棘手的狀況呢？

何謂利潤？

如果要討論會計，就不能不提及利潤。相信各位讀者必定都曾聽過利潤一詞。但是，如果不先學習會計，往往就會難以抓住利潤所代表的真正意涵。

利潤究竟是什麼？而利潤又為何會如此受到注目？在此讓我們針對利潤來進行深入淺出的探討。

所謂的利潤，即是將銷售收入減去相關成本後所得的差額。

利潤＝銷售收入－相關成本

我們經常可聽見「利潤比銷售收入更加重要」與「必須確保利潤」之類的說法。這是因為如果光只注意銷售收入，將會無法確保利潤。（利潤的重要性將於稍後進行說明。）

即使銷售收入增加，也未必保證利潤會隨之增加，甚至還有可能不進反退，造成利潤減少的狀況。

究竟為什麼會出現這樣的狀況呢？在銷售收入增加的狀態下，相關成本支出也會隨之增加，導致所能獲得的利潤相對減少。相反地，即使銷售收入減少，只要能夠壓低相關成本，就能提升所獲得的利潤。

在案例2的狀況中，身為福田下屬的田中健二曾向櫻井工業提出降價的要求，而該時間點的銷售收入和利潤又會如何變化呢？

假設每個月的銷售數量為2,500個，每件商品的銷售價格為2,000元，而進貨價格為1,800元。讓我們來思考這時候的利潤吧。

2－1 銷售收入和利潤的關係 ①

銷售收入	500萬元	（2,500個×2,000元）
相關成本	450萬元	（2,500個×1,800元）
利潤	**50萬元**	

這是為了說明銷售收入、相關成本及利潤的關係，而運用損益表形式所製成的圖表。銷售收入位於最上方，其次則為相關成本，並以銷售收入減去相關成本的方式來計算利潤。

所得利潤則為50萬元。

在此由於已向對方提出降價的要求，因此也可將成本降低後的狀況列入考量。也就是假設銷售價格降低，而銷售數量則相對提升的狀況。

舉例來說，當對方調降銷售價格3％，而銷售數量為3,000個時，收入和成本的關係又會變得如何呢？

2−2　銷售收入和利潤的關係 ②

	降價前	降價後
銷售價格	2,000元	1,940元
銷售數量	2,500個	3,000個
銷售收入	**500萬元**	**582萬元**

銷售收入確實增加成為了582萬元。

那麼，在此種狀況下利潤又會變得如何？

2-3　銷售收入和利潤的關係 ③

	降價前	降價後	
銷售收入	500萬元	582萬元	（3,000個×1,940元）
相關成本	450萬元	540萬元	（3,000個×1,800元）
利潤	50萬元	42萬元	

　　雖然銷售收入隨著銷售數量而增加，但相關成本也會隨之增加，因此最重要的利潤也從50萬元減為42萬元。由此可知在不考量利潤，而只注重銷售收入的狀況下，做出的判斷其實並不正確。

　　那麼，讓我們來看看當商品售價降價3％時，需要售出多少數量，才能達到相當於降價前的利潤。

2-4　銷售收入和利潤的關係 ④

所需數量	X個
降價前利潤	50萬元
銷售價格	1,940元
進貨價格	1,800元

銷售X個商品時的利潤

1,940元×X個－1,800元×X個

＝140元×X個

降價前利潤為50萬元，因此計算利潤需達50萬元時的個數為

140元×X個＝500,000元

X個＝3,572（← 3,571.4）

也就是需銷售3,572個商品，才能確保獲得相對的利潤。

雖然以數學來計算會變得較為複雜，但在需要進行各種試算時，將未得的內容設為X、Y，並且藉由計算求得X、Y仍是不可或缺的方法。請各位務必記得運用此法來求得各種數據。

原本只需銷售2,500個商品，但試算後則增加約50%，也就是必須售出3,572個商品。此時的銷售收入則會成為692萬元（3,572×1,940）。

02 一流主管別只是看銷售量，而是該看⋯⋯

閱讀重點→

會計中所謂的利潤，其實仍有許多不同的類型存在。閱讀本章節將可理解銷售毛利和營業淨利的差異。

　　至此所探討的只有商品的進貨價格。但是，一旦當上了課長，就必須考慮到除了進貨之外，其他需由所屬部門負擔的各種費用，並且進行利潤控管。在此讓我們先來看看方才範例所提出營業報告書中的損益表。

	預算	前期	本期
銷售金額	303,600	297,528	315,744
進貨成本	244,200	239,316	256,410
銷售毛利	**59,400**	**58,212**	**59,334**
人事費	12,600	12,348	12,348
物流費	11,220	10,996	11,325
交通費	1,584	1,552	1,552
宣傳費	1,320	1,294	2,717
管理費	7,656	7,503	7,510
合計	**34,380**	**33,693**	**35,452**
營業淨利	**25,020**	**24,519**	**23,882**

由損益表中可發現，和前期相比銷售收入雖有增加，但營業淨利卻相對減少。

銷售收入為銷售金額減去進貨成本後所得的金額。

另一方面，營業淨利則為銷售毛利減去宣傳及管理等費用後所得的金額。

在前述範例中登場的七星商事營業課長，所管理的部分即為營業淨利，而此營業淨利是最後必須捐負起最終責任的利潤。（實際上課長所需負責的利潤責任會依公司而不同。）

無論再怎麼努力，藉由經營管理的方式來提升銷售金額及銷售收入，如果課長負責管理的營業淨利出現負成長，就無法達成部門的預期業績。

利潤共可分為5大種類

用於描述利潤的說法雖然相當多，但若以主流的分類方法來加以區分，則可列出以下五大種類。

- 銷售毛利
- 營業淨利
- 經常性損益
- 本期稅前淨利

● 本期淨利

由此可知，提到利潤時所指的定義將可能各有不同，因此務必多加留意。

實際參與營業會議時，多會被要求說明關於營業淨利的損益狀況，但有時卻會在課長報告銷售毛利後便宣告結束，使得整場會議在無法獲得完整資訊的狀況下告終。

舉例來說，若再次審視方才範例中出現的營業報告書，將不難發現該位課長，並未確實做好部門經營管理的工作。雖然銷售金額和銷售毛利確實提升，但同時宣傳及管理費用也有增加。

這是由於新增了鋪貨店面丸味百貨的宣傳費用。雖然隨著鋪貨量增加，而使得銷售收入和銷售毛利得以增加，但就結果而言也同樣拉高了支出的宣傳費用，因而導致身為課長的福田所應管理的營業淨利產生下滑的狀況。

在案例2當中，福田雖然於會議上說明了銷售毛利，但部長想知道的卻是營業淨利。如果角色轉換成第一線的銷售業務員，其所關注的利潤想必也會是銷售利潤，即所謂的毛利。

但是，一旦當上課長，除了毛利之外也必須注意銷售成本等相關成本費用的支出（如人事費、宣傳費、各種經費等）。並且將注意力置於扣除相關成本費用後的部門營業淨利。

課長的責任在於注意淨利的變動，並且善用經營管理所必須

的營業報告書，如此一來應能察覺宣傳費用出現異常變化。而前例中的福田正是因為未注意此點，才會碰上獲利下滑的狀況卻依然一無所知。

03 以為收到錢？那可不，因為貨款有帳期

閱讀重點→

本章節將說明於會計中將數字計入銷售收入及進貨成本的最佳時間點。

銷售額和相關成本應該何時計入進貨成本及費用？如果不瞭解應於何時計入銷售報告和營業報告中，將無法理解報告所呈現的損益。

計入銷售收入及相關成本需依循會計準則

在案例2中，福田課長認為銷售收入應該於出貨時便計入報告當中，但事實上應該在百貨公司銷售出商品的時間點再行計入，才是正確的做法。

會計是以交易形式來彙整並記錄公司活動的方法。而銷售收入和相關成本應該何時進行記錄，在會計上則有相關規則可以依循。

公司必須基於該規則和公司實際狀況，來進行記錄。至於應該在何時計入則是會計的基本知識之一，請務必先行熟記。

成本認列需依循「交易成立原則」

會計中有所謂的「交易成立原則」。也就是在確認交易後，才會依循會計準則進行記錄。

接著，我們將用本書開頭提及向櫻井工業進貨的例子，來說明「交易成立原則」。

在買進商品時，將會發生以下的交易階段。

①雙方就交易條件達成共識

②下單訂貨

③就訂單內容交貨並點收

④供貨商向下單公司請付款項

⑤支付進貨款項

在會計上，會把上述①～⑤的哪一階段視為進貨支出，並計入數據呢？

所謂的進貨，必須是「實際收到商品」時才能視為交易成立，因此需等到點收商品時才能加以計入。

在階段②時則尚未實際收到商品，因此並不會在該時間點計入費用。

　　或許有讀者會認為「難道不是在實際支付金錢的階段⑤才計入費用嗎？」事實上在交易當中，並不一定會在交付商品時同時支付款項，因此才會於交貨時視為交易成立。

2—5　於會計上視為交易成立的時間點

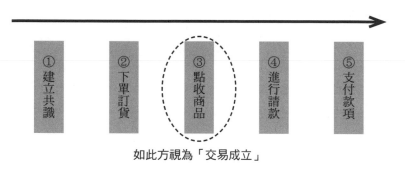

如此方視為「交易成立」

　　目前一般採取的交易模式多為「信用交易」。所謂的「信用交易」是指在收取商品時不支付款項，而是在交貨之後的一定期限內才進行付款。

　　各位讀者不妨將其視為信用卡交易。當使用信用卡時，並不會於進行購物的當下付款，而會等到隔月才支付款項。也就是以信用進行買賣並採取「日後付款」的方式。

　　公司或企業之間的交易原理亦同，但內容會較一般交易更加複雜。一般而言多會於購入商品的隔月以後再付款，但視公司資

金周轉狀況不同，亦可能於幾個月後才支付款項，也可能採取收貨前先行付款的方式進行交易。

如上述般，由於支付商品款項的時機各有不同，因此若在支出金錢時便計入費用當中，將會無法確定何時才能收到商品。以具體的例子而言，先行收取商品並於日後付款時，即使已經確實收到商品，但在會計上仍會因尚未支付款項，而將其視為尚未付款的狀況。如此一來，一旦開始銷售被視為未存在的商品，即可能導致整體帳務發生混亂。

因此，為了合理地記錄公司每一筆交易，應採取於交易實際發生時再行確認交易內容的「交易成立原則」。

順帶一提，除了「交易成立原則」之外，另有依據現金進出來確認交易內容的「現金基礎」方法。也就是說當收到款項或進行支付時，才會視為該筆交易成立。

但是，在信用交易蔚為潮流的今日，這樣的方法已經鮮少使用。因此需於會計中進行確認的並非現金流動，而應將重點置於交易何時成立才是正確的方法。

以「收入實現原則」來記錄實際收入及銷售金額

方才我們說明了交易需以「交易成立原則」記錄的理由。但是關於實際的收入及營業額則會略有不同。在此需再行導入「收

入實現原則」。

　　所謂的「收入實現原則」，並不是在「交易實際進行的時間點」，而是在「交易確實成立的時間點」進行記錄。所謂的「實現」兩字表示款項能確實收回，並且將該款項視為收入計入會計之中。

　　舉例來說，當公司獲利時，必須發放股利給持有該公司股份的股東。該資金的來源正是來自於銷售收入，且其中會包含尚未收回的應收帳款。當未來出現無法收回的帳款時，必須從已經收回的帳款中撥出款項作為股東的股利。因此，必須在確認帳款確實能夠收回後，才能將其視為銷售收入並進行記錄。

　　另外，還有當「現金入帳」時，才將其視為銷售收入計入的方法，但正如前述，在信用交易已成習慣的交易現況中，如果僅依循「現金」來記錄銷售收入，將無法正確地確認公司的每一筆交易及活動的實際狀況。

　　因此，在計入銷售收入時，應採取「收入實現原則」而非「現金基礎」。

2—6　交易成立原則、收入實現原則及現金原則

金錢的變動狀況和會計上的記錄不一致

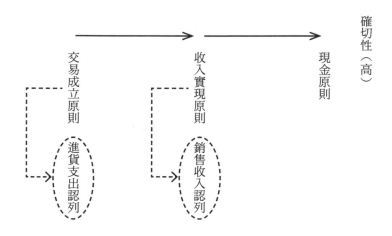

認列銷售收入的時間點會因公司狀況而改變

剛才所說的是，關於「交易成立原則的權責基礎」和「收入實現原則與配合原則」的內容。當實際進行相關作業時，需要在進行交易的何時計入銷售收入和相關成本，事實上會因公司而有所差異。

特別是在記錄銷售收入時，由於有可能在商品自家公司的倉庫出貨時認列，也有可能在對方點收商品時認列，因此若未先行確認認列的時間點，就可能做出錯誤的判斷。

　　課長需確認自己應該在哪個時間點，記錄管理部門的銷售收入和相關成本，以及審視部門的損益表，以瞭解部門的收益和支出，並且更進一步理解各種數據變化代表的意義。這一切都必須先行瞭解自家公司採行的會計規則，才能正確無誤地進行。

04 以為賺到淨利？小心應付帳款暴增、帳期長

閱讀重點→

本章節將告訴你當公司進行進貨或銷售等交易動作時，會計上將如何處理及認定。

從這裡開始，將進入損益表和資產負債表的介紹。

損益表和資產負債表應注意的重點

交易過程及損益表的變化

「買進商品並進行銷售時即會支出成本。」

這句話乍看之下似乎是進行買賣時理所當然的流程，但從損益表上的記錄可以看出不同端倪。

在此以先前的範例來說明。該筆交易內容是「向櫻井工業買進2,500個商品共支出450萬元，全數於丸味百貨上架販售，其中1,250個商品，合計共賣出250萬元。」

首先讓我們將此交易過程區分為①～③。

① 以450萬元向櫻井工業買進2,500個商品時

② 將2,500個商品全數出貨給丸味百貨時

③ 丸味百貨賣出1,250個商品，並獲得250萬元銷售收入時

2—7 ① 以450萬元買進商品時的損益表

銷售收入	0
銷售成本	0
毛利	**0**

2—8 ② 商品全數入庫時的損益表

銷售收入	0
銷售成本	0
毛利	**0**

2—9 ③ 以250萬元銷出一半商品時的損益表

銷售收入	250萬元	（1,250個×2,000元）
銷售成本	225萬元	（1,250個×1,800元）
毛利	**25萬元**	

想必各位應該已經發現，先前雖提過「進貨時交易即會成立」，但在買進商品時間點上，所支出的銷售成本並未計入損益表中。當賣出商品時，銷售成本則會和銷售收入一併計入。那麼

在進貨時的記錄又會位於何處呢？

交易過程和資產負債表的變化

上述的圖2—7、2—8、2—9即為說明銷售收入和毛利關係的損益表。正如各位所見，光只有銷售收入和銷售成本並無法完整呈現公司的所有活動內容。為補其不足而另有一種記錄資產和負債的表格，那就是所謂的資產負債表。

如下圖2—10所示，資產於左側，負債和資本則計入於右側。

2—10　資產負債表

接著讓我們接在損益表之後，來觀察方才①～③的交易內容，於資產負債表上又會如何呈現。

2—11　①　以450萬元買入商品時的損益表和資產負債表

銷售收入	0
銷售成本	0
銷售毛利	**0**

（資產）		（負債）	
存款*1	500萬元	應付帳款	450萬元
商品	450萬元		

＊1　假設你擁有存款500萬元

　　在進貨時，資產負債表上並不會以成本或負債計入，而會列於資產欄位之中。另一方面，由於是以賒購的方式進貨，因此將會背負未來必須償還的債務，而此應付帳款則會計入資產負債表的右側。

2—12　② 商品全數出貨時的損益表和資產負債表

銷售收入	0
銷售成本	0
銷售毛利	**0**

（資產）		（負債）	
存款	500萬元	應付帳款	450萬元
商品	450萬元		

即使商品在百貨公司鋪貨上架，也不會就此認列銷售收入之中，因此會計上將會如圖2—11一樣不會出現任何記錄。

2—13　③ 售出半數商品並得到250萬元銷售收入時的損益表和資產負債表

銷售收入	250萬元
銷售成本	225萬元
銷售毛利	**25萬元**

（資產）		（負債）	
存款	500萬元	應付帳款	450萬元
應收帳款	250萬元		
商品	225萬元		

由於商品賣出了一半，因此其價值也從450萬元減為225萬元。

另外，在銷售收入需認列的狀況下，能夠收回帳款的債權，則會視為應收帳款並計入250萬元。另一方面，尚未賣出的另一半商品，則會因支出相關費用，而於損益表的銷售成本計入225萬元。

接下來讓我們來看看，關於以公司存款來支付進貨產生的應付帳款450萬元時，將會如何記錄。

2—14　支付應付帳款時的損益表和資產負債表

銷售收入	250萬元
銷售成本	225萬元
銷售毛利	25萬元

（資產）		（負債）	
存款	50萬元	應付帳款	0萬元
應收帳款	250萬元		
商品	225萬元		

　　由圖可知，銷售收入和成本並不會產生變化，而存款則會和應付帳款相互抵銷，因此只會影響資產負債表上的數據。

　　當交易成立時，除了銷售收入和相關成本等損益項目之外，亦會同時出現資產、負債等項目。

　　舉例來說，當認列銷售收入時，資產欄位將會同時出現「應收帳款」。相對地，當進貨時則會出現資產及應付帳款，並在實際銷售出商品後初次計入成本。

　　損益表為課長在進行經營管理時的常用工具之一，但如果只注重損益而忽略了其他數據，將可能會如案例2中的福田一樣，因為無法綜觀全局而導致部門損失。

05 以為公司賺錢？最好確認口袋的現金狀況

閱讀重點→

本章節將說明銷售收入、相關成本及利潤之間的關係，並且釐清公司實際的金錢變動和流向。

　　課長在業務管理上最常碰上的，應該是銷售收入、相關成本及利潤之間的損益關係。隨著公司體制不同，課長可能必須管理應收帳款。

　　如前所述，若忽略管理部門中與業務相關的資產及負債，可能會誤判，甚至導致利潤受到影響而下滑。

　　在此，我們要思考為何必須注意與損益無關的資產。要瞭解箇中奧妙，必須先認識利潤與金錢的關係。

　　下頁的圖2—13所表示的，是賣出鋪貨於丸味百貨的商品1,250個，並將250萬元銷售收入認列後的內容。

2―13 ③ 售出半數商品並得到250萬元銷售收入時的損益表和資產負債表

銷售收入	250萬元
銷售成本	225萬元
銷售毛利	**25萬元**

（資產）		（負債）	
存款	500萬元	應付帳款	450萬元
應收帳款	250萬元		
商品	225萬元		

　　這時損益表中銷售毛利會計入25萬元。另一方面，銷售收入當中則不會有金錢入帳，應收帳款仍然維持250萬元。由於是以賒購方式進貨，因此並不需要支付金錢。整體而言，會計上和金錢的關係如下表所示。

2―15 ③ 售出半數商品並得到250萬元銷售收入時的毛利

	會計上	現金出入
銷售收入	250萬元	0萬元
銷售成本	225萬元	0萬元
銷售毛利	**25萬元**	**0萬元**

　　毛利雖有25萬元，但並不代表公司持有相當於該利潤的現

金。接著讓我們將內容改為進貨成本和銷售收入的比較，並藉此來觀察利潤和現金之間的關係吧。

2—16　將以現金購入的商品透過信用交易認列銷售收入時

	會計上	現金出入
銷售收入	250萬元	0萬元
銷售成本	225萬元	225萬元
銷售毛利	**25萬元**	**△225萬元**

2—17　以現金銷售商品，並以信用交易計入進貨成本時

	會計上	現金出入
銷售收入	250萬元	250萬元
銷售成本	225萬元	0萬元
銷售毛利	**25萬元**	**250萬元**

2—18　銷售收入及進貨成本均為現金時

	會計上	現金出入
銷售收入	250萬元	250萬元
銷售成本	225萬元	225萬元
銷售毛利	**25萬元**	**25萬元**

　　從上述許多不同的狀況檢視過利潤和現金的關係後，不難發現雖有利潤，但公司未必會持有等同於利潤的現金。

也就是說，無論創造出多少銷售收入，唯有當對方實際支付款項後，才能獲得相當於利潤的現金收益。圖2—18呈現的正是公司持有相當於利潤的現金的狀態。

但是，要如同圖2—18般完全以現金進行交易的狀況其實相當少見，大多數公司仍是以如圖2—15、2—16、2—17的模式進行交易。

為了維持公司運作及發展，現金自是不可或缺。無論是聘僱人員、購買設備、廣告宣傳等都必須支付金錢。如果缺少現金，最後將會導致各種交易活動被迫停止，公司也會因此倒閉。

相對地，如果公司持有充足的現金，就能支付聘僱人員更高的薪資，也能繼續用更多的人手。當然在進貨及購買設備方面也能因資金充裕而不虞匱乏。

所謂的「賺錢公司」，其實指的正是「收回金錢大於支出金錢」的公司。

雖然重點在於保有現金，但由於目前的主流為信用交易，因此銷售收入和進貨支出等交易，和現金流向往往不會一致，也因此無法光憑現金流向和變化來進行經營管理。但是，雖然現金流向不一致，但仍然能夠觀察同一筆交易收回及支出的現金流量，以計算其差額來控管利潤。利潤之所以十分重要，理由正是在於公司需要獲利，而利潤正是用於顯示獲利與否的重要指標。

　　但是，在確認利潤之前，必須先將是否能收回相當於利潤的現金視為更重要的前提。一旦該前提無法成立，又會發生什麼樣的狀況，將於次章節中說明。

06 以為呆帳再賺就有？業績成長10倍也賺不回來

閱讀重點→

本章節將說明銷售帳款對於公司的重要性，以及課長應該如何解讀銷售收入。

　　「收回帳款」在會計上佔有舉足輕重的地位。正如剛才所說，目前的商業模式幾乎都以信用交易為主流，絕大多數的情況都是會約定日期再匯入款項，因此通常無須擔心帳款無法收回。

　　然而，一旦成為必須管理大量銷售金額的課長，就必須時刻關注是否能順利收回帳款。即使無法收回帳款的情形只是極少數，但是依然有可能碰上這種突發狀況。因此，應該平時就備妥能加以因應的知識，以及有備無患的態度。這可說是課長十分重要的工作之一。

先一步思考無法收回帳款可能造成的影響

在此讓我們再稍微審視一遍，銷售收入和收回帳款的關係。

當確實收回銷售金額後，整筆交易才能算是順利告一段落。

而即使將銷售收入列入損益表中，直到實際收回現金之前，該款項都會以名為「應收帳款」的債權形式存在於公司中。

各位是否知道，實際上當公司持有「應收帳款」時，也會因此而產生相關成本嗎？

在會計上，多會針對結算期時所持有的「應收帳款」等銷貨債權進行確認，計算其是否擁有相當於該金額的價值。也就是會確認每一筆「應收帳款」是否均能收回，並將預期無法收回的金額計入壞帳費用中。

對於金額相對較大，且收回可能性高的債權可個案檢視。並無特別問題的銷售債權，則可運用「壞帳率」來計算「預期壞帳金額」，並且計入相關成本中。

這樣的方法亦可用於一般的債權當中。由於過去可能出現過一定數目的壞帳金額，因此可使用過去的壞帳率（假設某次的債權合計金額為100，該債權當中發生了相當於1的壞帳狀況，其壞帳率則為1÷100＝0.01）來先行估算。此方法同樣依循會計原則。

舉例來說，當銷貨債權為250萬元，而壞帳率為0.01時，預期壞帳金額則為25,000元（銷貨債權250萬元×壞帳率0.01）。該金額將會計入相關成本當中，而利潤則會因此相對減少。

2—19　壞帳金額和利潤的關係

銷售收入	250萬元
銷售成本	225萬元
銷售毛利	**25萬元**
備抵壞帳轉入	2.5萬元
營業淨利	**22.5萬元**

由於目前的交易模式較少以現金直接交易，因此必然會產生「應收帳款」。而只要持有「應收帳款」，就會隨之產生其他相關費用。如果不經評估而任意延長收款期限，將會導致相對費用上升，同時無法收回帳款的可能性也會因此提高。

接著讓我們來看看實際上無法收回帳款的狀況。假設250萬元的帳款無法收回時，即會轉為相關成本並且計入損益表當中。圖示如下：

2─20　遭到倒帳時的利潤狀況

銷售收入	250萬元
銷售成本	225萬元
銷售毛利	**25萬元**
壞帳損失	250萬元
營業淨利	**△225萬元（淨損）**

損益表上的「銷售管理費」中，將會計入250萬元的壞帳損失，而營業淨利也會一口氣出現225萬元的赤字。

為彌補該損失，必須獲得多少銷售收入才能打平？讓我們具體地來計算。

假設每個商品的進貨價為1,800元，而售價為2,000元。那麼每賣出一個商品，就能獲得200元的銷售利潤。此時利潤佔銷售收入的比例也就是所謂的銷售毛利率為：

銷售毛利÷銷售收入＝銷售毛利率

套用此算式所得的數據如下：

200元÷2,000元＝0.1

也就是說，當賣出越多商品時，銷售收入的一成將會轉成利潤。

　　那麼在此範例當中，如果要取得250萬元的壞帳損失，究竟需要創造多少銷售收入呢？其實只需用小學生也會的逆算法進行計算即可。為了求得銷售收入的所需數字，接下來把上述算式調整如下。

銷售毛利÷銷售收入＝銷售毛利率

↓

銷售收入＝銷售毛利÷銷售毛利率

　　　　　＝250萬元÷0.1

　　　　　＝2,500萬元

　　為了彌補250萬元的壞帳金額，就必須創造出2,500萬元的銷售收入，相當於該金額的10倍。在案例2中，財務部長曾說過：「如果對方倒閉而收不回帳款，到時候可是得用應收帳款10倍以上的銷售收入才能填補」，其實正是依循此算式所推算出的數字。

　　無論是金額再小的交易，只要無法收回帳款，就可能導致嚴重的赤字，希望各位能夠謹記在心。而視情況不同，甚至還可能因為往來公司破產倒閉造成赤字，而使得自家公司也陷入無法繼續經營的狀況，此稱為「連鎖倒閉」。

　　由於課長的業務範圍，包括如此會對公司整體營運造成甚大

影響的內容，因此身為課長，必須時刻抱持迴避此種狀況的經營意識，並且一絲不苟地做好應收帳款的相關管理工作。

07 以為庫存是倉管的事？所有存貨都得列入損失

閱讀重點→

本章節將說明庫存在公司的定位和意義，以及持有庫存將背負哪些風險。

在案例2當中，公司把之後將出貨給丸味百貨的商品作為庫存留存。在此我們更深入地探討庫存代表的意義。

持有庫存即等同於承擔風險

持有庫存就表示支付金錢購入商品。（即使是以賒購的方式，就結果而言，仍然必須支付費用，所以在此不將賒購方式列入考慮。）

事實上，所謂的庫存就等同於風險。只要買進商品，支付費用只是早晚的問題。為了彌補支出並獲得利潤，當然必須售出買進的商品，然而一旦無法順利出清商品，自然會導致業績出現赤字。但是，換個角度思考，公司仍然必須持有庫存才行。舉例來

說，當訂單忽然增加時，即使緊急叫貨，也未必能夠補足客戶的需求，如此一來，很可能會失去千載難逢的大客戶，而令人捶胸頓足。

因此，如何控管庫存狀態，成為影響部門甚至公司業績的重要因素。

管理階層必須仔細謹慎地注意並控管庫存，才能為公司帶來最大的效益。

在此我們回顧案例2。身為業務員的田中，以一次大量進貨來換取對方降低商品售價。此時，我們不妨再次確認會計上的記錄。

當時田中買進15,000個1,800元的商品。各位是否看出，如此一來，損益會如何變化呢？

2—21　買進15,000個1,800元商品時的損益表

（損益）

銷售收入	0元
銷售成本	0元
銷售毛利	**0元**

在進貨階段，商品不會對損益產生任何影響。因此，無論支出多少進貨成本，直到賣出商品為止，損益都不會發生變化。

那麼此時的費用究竟會記錄於何處？想必各位應該已經想到，會產生影響的並非損益表，而是資產負債表。買進商品時將會計入資產負債表的資產欄位中。

2─22　買進15,000個1,800元商品時的資產負債表

（資產）		（負債）	
商品	2,700萬元	應付帳款	2,700萬元

現金將會轉變為商品並存放於公司倉庫中。

雖然現金確實減少且存貨增加，但損益表上仍無法顯示這一點。而在前述案例當中，除了銷售出去的商品外，其餘商品也會作為庫存計入資產負債表中，而不會造成損益表上費用的任何變化。

在此讓我們來思考現金和庫存之間的關係。

首先是支付進貨費用，並且收回了銷售帳款250萬元的狀況。

2─23　支付2,700萬元進貨成本，且收回應收帳款250萬元時

銷售收入	250萬元	收回	250萬元
銷售成本	225萬元	支出	2,700萬元
銷售毛利	**25萬元**		**△2,450萬元**

從損益表來看雖然有25萬元的利潤，但實際資金卻呈現負2,450元的狀態，因此計算後並未獲得任何實際利潤。如果所有庫存全數賣出，最後應該還是能獲利。但是如果遲遲未能出清庫存，或是銷售狀況不如預期時，又會產生何種狀況呢？

● 商品變得老舊過時，且價值也隨之降低

● 客戶對商品的需求度降低，最終不再向己方購買

諸如此類的狀況，將會導致商品無法再持續以原先的定價銷售，或是銷售量不如預期等。也就是說，無論銷售過程中獲得多少利潤，只要庫存商品無法順利銷售，就無法獲得實質的利潤。

另外，當商品維持庫存狀態時，即表示購入該商品的資金將無法挪作他用。倘若購入庫存但尚未付款，便能夠用該筆資金繼續購入其他商品來銷售，但事實上大多數資金都會因轉換成庫存而遭到凍結。

如果這時候公司的資金周轉出現問題，那麼即使商品置放於倉庫，由於無法轉成現金，將可能導致無法支付員工薪水、進貨或宣傳費用等窘況。當然也無法持續償還向金融機構融資的款項。

事實上為資金周轉所苦的公司，大多數都是因為購入過多庫存而導致金流凍結。從損益表上雖看不出太大損失，但只要到倉庫一看，往往都能發現堆積如山的庫存商品。這正是只注重損益

表來進行經營管理，而導致失敗的例子。

在案例2中，曾提到丸味百貨有可能會倒閉。一旦這家百貨真的倒閉，鋪貨於該處的商品將無法繼續銷售。那麼，損益表會發生什麼變化呢？我們以鋪貨商品10,000個的狀況來思考。

2—24　當10,000個庫存商品無法銷售時	
銷售收入	0萬元
銷售成本	0萬元
銷售毛利	**0萬元**
存貨跌價損失	1,800萬元
營業損失	**△1,800萬元**

當商品無法繼續銷售時，損益表中將會認列存貨跌價損失，並且對利潤產生影響。雖然在持續銷售的這段時間能不斷獲得利潤，但一旦無法銷售，其損失就會一口氣全數計入損益表當中。

本章說明了銷售收入、銷售成本及銷售毛利之間的關係，同時闡述了銷售毛利為何重要的理由。一間公司如果想要賺錢，就必須持續收回大於支出的金錢。為了達成這個目標，必須將銷售毛利作為管理指標，因此銷售毛利扮演舉足輕重的角色。

但是，如果光只是關注銷售毛利也可能導致失敗。因此包括不會顯示於損益表上的應收帳款、庫存狀況等也應一併列入觀察

重點，並且在綜觀全體的狀況下進行經營管理。倘若過度追求利潤而持續和壞帳率高的客戶往來，或是持有過多庫存而使得銷售停滯，最終都還是會造成公司的損失。

POINT OF THIS CHAPTER

本章重點整理

☑ 會計上的交易並非認定在金錢進出時，而是認定在交易發生的時間點。

☑ 若不瞭解公司的銷售收入、相關成本認列與計入損益表的時間點，將無法理解部門真正的損益狀況。

☑ 公司能夠賺錢，是因為收回了比支出更多的金錢。

☑ 利潤是銷售收入減去相關成本的差額，同時也是獲利應依循的指標。

☑ 將利潤視為獲利指標，必須以「擁有等同該利潤的現金」作為前提。為了使該前提成立，必須確實收回應收帳款。

☑ 所使用的資金不僅屬於損益表的成本，也會計入資產的存貨當中。（所進貨的商品直到售出為止，都會以資產的形式存在。）

第 **3** 章

財務三表重點整理，
讓管理者、
投資人好輕鬆！

客戶公司的損益表看起來有獲利，但為何還是倒我帳？

梅村商事的財務報告

為了解決丸味百貨的問題，從那之後約有半年時間，持續與對方針對信用不良、庫存及宣傳費用等問題進行討論，最後總算是達成「縮小交易規模和金額，但依然能確保利潤」的交易條件。

好不容易得以喘口氣之後，某天新進員工森田洋司拿著財務報告來到福田的面前。

「福田課長，這是梅村商事的財務報告。因為先前有人提醒我每年都一定要拿到手，所以我拿過來了。其實我不知道該怎麼解讀內容，因此想向課長請益，您能不能教我財務報告的解讀方法呢？」

「梅村商事是由你負責的吧。過去我也曾經負責過這間公司的業務，他們最近業績如何？」

　　福田一邊說著，一邊大致檢視了從森田手中接過的財務報告。

　　「今年看起來同樣有獲利，應該沒什麼問題。」

　　「課長，您光是稍微瀏覽就能確認沒有問題，真是太厲害了。請問，到底要看財務報告哪個部分，才能知道有沒有問題呢？為了今後的業務需要，希望課長能夠不吝指教。我想知道的是，資產負債表到底是為了什麼而存在？」

　　「所謂資產負債表，是用來呈報公司資產及負債狀況的工具。從對方提供的資產負債表來看，該公司的資產似乎頗為雄厚呢。」

　　「原來如此，真不愧是福田課長。下次等您有空時，請一定要好好教我關於財務報告的解讀方法。我希望盡可能多多學習，讓自己盡早成為部門的可用之兵。」

　　「好啊，今天我的時間不多，下次有機會再教你。」

　　福田雖然露出遊刃有餘的笑容說著，但內心其實冷汗直冒。過去自己曾經負責過梅村商事的業務，也從未聽說過對方的信用有任何問題，加上獲利狀況穩定，因此自己才會做出毫無問題的答覆。然而即使勉強能看出獲利狀況，但事實上自己並沒有足以教授他人財務報告解讀方式及內容的知識。

財務報告存在的原因

而福田本身對於資產負債表也只能算是一知半解，距離要能夠加以活用的等級其實還差得遠。

在騎虎難下狀況下答應了森田的福田，最後還是只能求助於神木課長。於是他和先前一樣，和神木課長約好了中午碰面一起用餐，希望能夠趁這時候和他商討對策。

「神木課長，今天我的部下拿著梅村商事的財務報告來找我，還希望我能夠教他怎麼解讀財務報告。但是其實我自己也不太清楚，所以才想到來請教您。每次都問您這麼初階的問題，真的很不好意思……」

「不會啦，你也不用那麼沮喪。簡單地說，所謂財務報告就是用來呈報公司業績和財務狀況的報表。股份有限公司不是都有股東嗎？而公司有義務，每年至少向股東報告一次業績和財產狀況。財務報告就是用於呈報的報告書，當中最具代表性的就是損益表和資產負債表。一般來說，會用損益表來報告業績，然後用資產負債表來報告財務狀況。」

「原來財務報告是為了向股東進行報告而存在的啊。可是，我並不是從股東那裡拿到財務報告，而是往來客戶提供給我們的。而且我也被要求過一定得學會解讀財務報告，請問財務報告對經營管理到底有什麼幫助？」

「舉例來說，銷售部門所做的營業報告和損益表不是大同小異嗎？而如果身為銷售部門課長的你，不清楚銷售部門的業績，就沒辦法進行經營管理了。實際上先前丸味百貨的狀況也一樣，只要看過損益表，公司的經營業績就能一目瞭然了。」

「說得也是，我為了讓業績從負轉正，也花了好大一番工夫。」

「另外對銷售部門而言，損益表也能看出往來客戶的信用狀況。而每年都會從客戶那裡，取得該公司財務報告的理由，就是為了檢視對方的信用狀況。」

「我今天主要想請教您的就是這一點。關於梅村商事的財務報告，在神木課長看來會怎麼判斷呢？希望您能告訴我判斷的根據和財務報告的解讀重點。」

「我明白了。對了，你那邊有對方上一期的財務報告嗎？」

「我現在沒有帶在身上耶……」

「這樣啊。那麼總之就先來看最近這一期的吧。」

梅村商事財務報告

損益表

（單位：千元）

銷售收入	504,000
銷售成本	413,280
銷售毛利	**90,720**
銷售費用及一般管理費用	81,888
營業淨利	8,832
營業外收入	100
營業外支出	600
經常淨利	**8,332**
非常利潤	350
非常損失	1,000
稅前本期淨利	**7,682**
所得稅	1,536
本期淨利	**6,146**

資產負債表

（資產部分）		（負債部分）	
流動資產		流動負債	
現金存款	1,470	應付票據	43,000
應收帳款	43,000	應付帳款	63,000
應收票據	53,000	短期借款	50,000
庫存資產	68,000	應付款項	30,000
其他	3,090	應付所得稅	2,000
減：備抵呆帳	△960	其他	35,000
流動資產合計	**167,600**	**流動負債合計**	**223,000**
固定資產		固定負債	
（有形固定資產）		長期借款	73,000
建築物	40,000	其他	300
車輛等運輸工具	10,000	**固定負債合計**	**73,300**
土地	53,000	**負債合計**	**296,300**
有形固定資產合計	**103,000**	（股東權益）	
（無形固定資產）		資本	10,000
軟體	700		
租地權	1,000	資本盈餘	10,000
無形固定資產合計	**1,700**		
投資有價證券	1,000		
長期投資	58,000	保留盈餘	15,000
投資其他資產合計	**59,000**		
固定資產合計	**163,700**	**股東權益合計**	**35,000**
資產合計	**331,300**	**負債・股東權益合計**	**331,300**

　　神木課長檢視了財務報告，接著按了按計算機後，反過來開口發問。

　　「福田課長，你怎麼看這份財務報告呢？」

解讀財務報表的目的

　　「呃，在我看來對方確實有獲利，資產結構看起來也沒什麼問題……咦！？難道不是這樣嗎？」

　　「解讀財務報告一共有2個主要目的。第一點是確認該公司是否賺錢。第二點則是確認該公司會不會倒閉。但是這次的對象是我們的往來客戶，所以還是以確認對方經營狀況的穩定性為主軸比較保險。」

　　「那麼，既然對方的資產看起來都很正常，是不是就表示沒有問題了呢？」

　　「其實狀況並沒有這麼單純。當要檢視穩定性時，必須觀察自有資本比率，以及比較借款和收益能力。梅村商事的自有資本比率只有11％（淨值÷總資產），這屬於偏低的狀態。另外借款也比收益還來得多。算起來對方的借款可是營業淨利的14倍（123,000÷8,832）呢。該公司有90％的資金周轉都是為了填補負債，而實際能運用的現金也只有100萬多一些，實在是太少了。」

　　神木課長瞥了表情驚訝不已的福田一眼，然後繼續講解財報的內容。

　　「應收帳款和應收票據合計的周轉期為2個月〈（43,000＋53,000）÷（504,000÷12）〉，庫存資產的周轉期則只有1.6，〈68,000÷（504,000÷12）〉看起來也不算太長。還有固定資產看起來並無法靠自有資本和長期借款來填補……。仔細一看，對方幾乎都把資金用於長期放貸了。應收帳款和庫存資產滯留的可能性雖然不高，但是公司營運很可能正為資金周轉所苦，你還是多留意一些比較好。」

　　福田對於神木所解說的內容感到訝異不已。光憑財務報告書，就能在這麼短的時間內瞭解這麼多內容嗎？從神木課長提出的結論來看，梅村商事和自己原先的認定似乎完全不同，而是處於岌岌可危的狀況中。

　　「課長，看來我真的是什麼都不懂呢。雖然我自認為反覆學習過關於財務報告的知識，但是始終都還是似懂非懂的狀態。現在聽完神木課長的話，我才發現自己還是沒有真正弄懂財報。請問我應該怎麼學習，才能變得像您一樣厲害呢？」

　　「剛開始大家都一樣看不懂，當然我也不例外。」

　　「課長也曾經有過摸索期嗎？」

　　「以前我也會到處找書來看，但是因為每本書的分析手法和

說明都不一樣，所以我也很苦惱到底該注意哪個部分才好。後來是我父親幫我解開疑惑的。他建議我一開始應該先瞭解財務報告的用語和配置。」

「用語和配置？」

「是啊。先認識用語和配置後，再去選擇幾種分析手法鑽研，然後再加以運用就行了。我父親還說過，分析時絕對不能夠忘記比較。我照著他的話反覆做了幾次後，漸漸發現自己也看得懂財務報告了。剛才我的說明，其實也只是自己經常用的分析手法之一，是和基礎數據比較後，判斷該公司經營狀況的好壞。」

「原來要比較啊……。請神木課長務必將您向父親學習的方法傳授給我！」

01 別只看損益表上的獲利數字,而是該看⋯⋯

閱讀重點→

認識財務報告的構造和內容,並且瞭解學會解讀財務報告後能夠衍生出哪些好處。

　　所謂的財務報告,即是由公司為了向股東呈報業績所製成的報告書。一般而言每年至少需提出一次。

　　財報多由「損益表」及「資產負債表」等組成,而上市公司有時則需另外提出「現金流量表」。此三種表單亦合稱為「財務三表」。

　　財務報告的寫法和解讀方法,當中確實存在著許多不同的規則,如果沒有先行學習而光是閱讀上頭的文字,自然無法理解其代表的意義。但是,無論是什麼樣的公司提出的財報,都必須能讓外部人士一目瞭然。也就是說,只要記住編寫財報格式的財務會計規則,無論是誰都能夠輕鬆地讀懂財務報告。

　　當然,光只是知道規則並無法全盤理解財報所呈報的內容。如果要鉅細靡遺地釐清財務報告,仍需要掌握部分訣竅。而依循

這些訣竅解讀財務報告，必定能夠從當中獲得為工作帶來助益的資訊。

那麼，學會解讀財務報告，能夠衍生出哪些好處呢？

● 能確實掌握部門獲利狀況，並且針對問題加以改善
● 能把握往來客戶的信用狀況

此外，學會解讀財務報告，還能獲得下列優勢。

● 找出公司窗飾作帳的問題
● 先行預測公司的業績走向
● 分析競爭公司的弱點

在本章中，將以財務報告當中的「損益表」和「資產負債表」為核心進行解說，對於「現金流量表」則概略地進行說明。只要確實掌握這三種報表，就足以應付業務上的各種需求。

此外，本書的後半也會說明三種報表的解讀訣竅。不過，該內容相當龐大，若將重心放在此處，可能一本書都寫不完，因此本次將範圍縮小在基本部分。

02 什麼是損益表？圖解5重點一目瞭然

閱讀重點→

解讀財務三表當中的損益表，能瞭解公司的業績狀況及未來走向。

製作「損益表」的目的在於，呈報公司的經營業績。或許損益表也是各位讀者最熟悉的財務報告之一。

「損益表」是用於呈報該公司一整年營運業績的報表。（通常以一年為期，但有時會在更短的期間進行報告，例如所謂的「季報告」就是將一年分為四期，每3個月進行一次報告。）

為了說明公司一整年獲得多少利潤，通常會以收入和支出費用相對應的形式進行報告。接下來，我們實際看看損益表的具體範例。

一般而言，損益表是以次頁圖3─1的格式呈現。

顯示公司業績的5項重要利潤

在第2章中也曾提及利潤分為許多種類。而在損益表當中，作為利潤主要來源的銷售收入會列入最上方，然後依次列出5項最重要的利潤。

3—1　一般損益表

銷售收入	504,000
銷售成本	413,280
①→ 銷售毛利	**90,720**
銷售費用及一般管理費用	81,888
②→ 營業淨利	**8,832**
營業外收入	100
營業外支出	600
③→ 經常淨利	**8,332**
非常利潤	350
非常損失	1,000
④→ 稅前本期淨利	**7,682**
所得稅	1,536
⑤→ 本期淨利	**6,146**

① 銷售毛利＝銷售收入－銷售成本

② 營業淨利＝銷售毛利－銷售費用及一般管理費用

③ 經常淨利＝營業淨利＋營業外收入－營業外支出

④ 稅前本期淨利＝經常淨利＋非常利潤－非常損失

⑤ 本期淨利＝稅前本期淨利－所得稅

將此5項利潤綜合審視評估後，即可看出該公司的業績全貌。接著讓我們從最上方的利潤開始逐一進行說明。

① 銷售毛利

銷售毛利是以銷售收入扣除銷售成本後所得的數字。

3－2　銷售毛利	
銷售收入	504,000
銷售成本	413,280
銷售毛利	**90,720**

銷售收入和銷售成本

所謂的「銷售收入」是指公司從事本業活動所獲得的整體收入。而「銷售成本」則是為了提高銷售收入所投入的相關成本。用「銷售收入」減去「銷售成本」後，即可得到「銷售毛利」。

銷售毛利為顯示該公司所販售的「商品及服務」能夠賺取多少利潤的數據。

對於擁有品牌力的商品，以及沒有（或極少）能與該商品競爭的公司存在時，該商品和成本相較之下，有時將能賣得更好的價格。如此一來「銷售毛利」也會隨之提高。

② 營業淨利

營業淨利是以銷售毛利，扣除銷售費用及一般管理費用（管銷費）後所得的數字。

3－3　營業淨利

銷售毛利	90,720
銷售費用及一般管理費用	81,888
營業淨利	**8,832**

銷售費用及一般管理費用

亦可略稱為「管銷費」。指用於提升銷售收入的經費，或是總務及財務等部門，用於公司經營管理所支出的費用等。

管銷費的具體經費項目如下頁所示。其各項目的名稱會因公司不同而有若干差異，但其內容則必須和項目名稱相符。

舉例來說，董事報酬是「為支付董事酬勞所需的費用」，而租地費用則是「為租借場地所支付的費用」。

但是，亦有部分支出名目和項目名稱不符的費用，在此將稍用篇幅詳細說明。那就是「備抵壞帳」和「折舊費用」兩個項目。

3－4　管銷費的主要內容

董事報酬	5,880
薪資津貼	33,600
雜項薪資	9,600
獎金	2,400
退職金	1,000
法定福利費	5,148
福利補助費	200
貨物搬運費	6,000
廣告宣傳費	240
交際費	1,800
會議費	600
出差交通費	1,200
通訊費	1,200
水電瓦斯費	2,400
手續費	200
土地房租	1,800
租用費	1,800
稅捐	1,200
折舊費用	1,060
壞帳	960
雜支	3,600
銷售費用及一般管理費用	**81,888**

備抵壞帳

「備抵壞帳」是指，先行預測出「未來有極高可能性產生的費用」，並事先計入所支出費用之中。將未來可能產生的費用原因先一步計入所支出的費用中，其實正是依循「收入費用配合原則」所建立的思考模式。

在第2章中曾經出現過「備抵壞帳」的名詞。這是指當碰上將商品出貨給客戶後，卻因對方倒閉而無法順利收回帳款的狀況。如此一來，會計上將會以「備抵壞帳」的名義將無法收回的金額計入所支出的費用當中。

此外，另有「備抵獎金」一詞，意即事先預測未來需支付的相關獎金，並先行計入支出費用。另外還有考量未來可能發生的損失賠償金，而先行計入的「備抵損害金」等。

折舊費用

所謂的折舊費用，是指「以固定資產的購入價格搭配其該資產運用期間，並將其費用化的支出」。所謂的固定資產指的是建築物等不動產、機械設備與車輛等。

在此以花費200萬元購入一輛營業用車為例說明。

當購入車輛時，所支出的200萬元並不會暫時性地認列在銷管費用中，而會改採每一年計入部分金額的方式記錄。

作者本身在起初時也無法理解折舊費用的定義。因此曾思考過如下的幾個問題：

「在購入固定資產時，不是就產生費用了嗎？」

「為什麼不是在支付費用的時候認列？」

「而且又為何要配合使用固定資產的期間，來將其費用化？」

但自從瞭解「收入費用配合原則」後，這些疑問也跟著迎刃而解了。

公司必須運用固定資產來提高銷售收入。但是，如車子等資產，會隨著使用的過程及年限而逐漸出現故障等問題，價值也會因此降低。當完全損壞時，其價值就會跟著歸零。但是車輛基本上並不會在一年內就變得毫無價值，而至少可以用上五至十年，而價值則會隨著時間過去而逐漸減低。

經過一年左右，車輛也磨耗了一年的價值，於是車輛的減損費用就會在此時產生。

但是，由於實際上難以測定究竟減少了多少價值，因此固定資產會依照其各自規定的使用年限，搭配「直線法」或「定率遞減法」等法則計算相關費用，這即是所謂的「折舊費用」。

那麼，管銷費用的說明就先在此告一段落，讓我們再次回到重點利潤之一的「營業淨利」，並詳細地介紹其內容。

　　所謂的「營業淨利」是將「銷售毛利」扣除掉「銷售費用及一般銷管費用」所得的金額。一般而言，「營業淨利」多被視為「公司從事本業所獲得的利潤」。

　　製造商品進行銷售，或是買進商品銷售，當要確認一間公司要展現其主事業能夠賺取多少利潤時，就必須審視其「營業淨利」。當「營業淨利」數值越高，即表示該公司持有越出色的經營能力。

　　而當「營業淨利」呈現負數時，則稱為「營業淨損」。其表示該公司所經營的事業，無法取得利潤而呈現虧損狀況。

③ 經常利益

　　經常利益是以營業淨利加上營業外收入，並扣除營業外支出後所得的數字。

3－5　經常利益

營業淨利	8,832
營業外收入	100
營業外支出	600
經常利益	**8,332**

營業外收入和營業外支出

公司除了營業活動外，亦會透過存款獲得利息，或是投資其他公司，也可能會為了擴展業務規模，而向銀行借貸進行資金周轉。

但是，這些活動都和公司的經營活動沒有直接關係。也就是說，公司主要業務外活動所產生的收入及支出，會分列於「營業外收入」及「營業外支出」當中。

「營業外收入」包括收取利息及股利等，「營業外支出」則包括支付利息（借款利息）等。

當提到「經常利益」時，一般所指的多為公司透過經常性的活動所獲得的利潤而言。

舉例來說，兩間營業淨利相同的公司，亦可能因是否向金融機構借款，或是因借款利息不同而導致最終利潤產生變化。另外如有投資其他公司，則可能因該公司分配股息而使得資方的利潤增加。

也就是說，所謂的「經常利益」，可視為公司原本的事業（本業）及除此之外的活動，合計共能賺取多少利潤的數據。亦即公司本身的事業經營力，加上調集資金的周轉能力，以及進行本業之外投資的資金運用力等公司綜合能力，將可透過「經常利益」來加以呈現。

④ 本期稅前淨利

　　「本期稅前淨利」是以經常利益加上非常利益後，再扣除非常損失所得的數字。由於其為扣除所得稅等「稅金」前的利益，因此才會加上「稅前」兩字。

3－6　本期稅前淨利

經常利益	8,332
非常利益	350
非常損失	1,000
本期稅前淨利	**7,682**

非常利益和非常損失

　　「非常利益」正如字面所示，是指有別於平常的利潤。例如賣出固有資產或有價證券時所獲得的利潤。

　　「非常損失」則正好相反，是指賣出固有資產或有價證券時所造成的損失。

　　「非常」的定義在於鮮少產生的利潤或損失，且一旦產生時，其金額必定相對較大。

　　在檢視「稅前淨利」時，應將重點置於和經常利益之間的比較，而非利益本身的數字。也就是說，觀察「該公司是如何產生

非常利益及非常損失的？」正是重點所在。

　　由於非常利益及損失並非經常性的收益或虧損，因此如要瞭解一間公司的實際狀況，仔細觀察該部分自是不可或缺的動作。

⑤ 本期淨利

　　本期淨利為稅前本期淨利扣除所得稅後所得的數字。

3－7　本期淨利

本期稅前淨利	7,682
所得稅	1,536
本期淨利	**6,146**

營利事業所得稅等

　　「營利事業所得稅等」是指針對法人之「所得」所課徵的法人稅、事業稅及居民稅等。（編註：台灣的稅法只課徵營利事業所得稅的法人稅。）

　　「本期淨利」是用於將進行營業活動所獲得的利潤，以及本業以外活動所獲得的利潤計入特別損益項目後，再顯示一整年公司所獲得的最終利潤之數據。

當客戶問到「公司的獲利狀況如何」時，通常會以「本期淨利」來回答該問題。

綜合利益

本書所說明的損益表當中雖然幾乎不會出現，但近來還有所謂的「綜合利益」一詞，在此將簡單扼要地說明。

當資產負債表的「股東權益」出現增減時，若為資本變動或本期淨利之外的增減項目，需將該增減額計入當期淨利中，此即所謂的「綜合利益」。

03 什麼是資產負債表？圖解15張表顯現端倪

閱讀重點→

善加運用財務三表當中的資產負債表，來理解公司的財務狀況。

　　各位不妨將「損益表」作為呈現經營成績的表格，而將「資產負債表」視為呈報公司財務狀況的報告書。

　　具體地說，透過資產負債表，可以在公司的結算日（例如3月31日）判讀公司的資產和負債狀況。

　　公司究竟擁有哪些資產、持有多少現金，以及向銀行借貸多少款項等未來必須支付的負債餘額，都可以透過資產負債表加以判斷。

　　一般的資產負債表如下頁的圖3－8所示。

　　相較於損益表，各位或許較不熟悉資產負債表，因此這裡從資產負債表的特徵開始說明。

3－8　資產負債表

（資產）		（負債）	
流動資產		流動負債	
現金存款	1,470	應付票據	43,000
應收帳款	43,000	應付帳款	63,000
應收票據	53,000	短期借款	50,000
庫存資產	68,000	應付費用	30,000
其他	3,090	應付所得稅	2,000
減：備抵壞帳	△960	其他	35,000
流動資產合計	**167,600**	**流動負債合計**	**223,000**
固定資產		固定負債	
（有形固定資產）		長期借款	73,000
建築物	40,000	其他	300
運輸工具	10,000	**固定負債合計**	**73,300**
工具器具	3,000	**負債合計**	**296,300**
土地	50,000		
有形固定資產合計	**103,000**		
（無形固定資產）		（股東權益）	
電話架設權	500	股本	10,000
借地權	1,000		
軟體	200		
無形固定資產合計	**1,700**	資本盈餘	10,000
（投資其他資產）			
有價證券	500		
短期投資	100	保留盈餘	15,000
長期投資	58,000		
其他	400		
投資其他資產合計	**59,000**		
固定資產合計	**163,700**	**股東權益合計**	**35,000**
資產合計	**331,300**	**負債・股東權益合計**	**331,300**

第一項特徵是配置。

資產會全數分列在左側，而負債則分列在右側。

在資產欄位中，從上方開始依序區分為「流動資產」和「固定資產」。

另一方面，負債欄位中則從上方開始依序區分為「流動負債」和「固定負債」。

此外，右側欄位中，會配置除了負債之外的資本等「股東權益」。

第二項特徵則是下述的公式必會成立。

> **資產合計＝負債合計＋股東權益**

資產負債表也稱為「Balance Sheet」。其特徵之一，就是左側資產與右側負債合計加上股東權益會一致。

理解資產負債表所必須注意的重點

在解讀資產負債表時，應注意的重點是：從中找出「公司如何調配與周轉資金，並且將該資金投資於何處。」

舉例來說，一間公司進行資金周轉時，主要有「負債」和「資本」兩種方式。負債是未來必須償還的部分，而資本原則上不需償還。資產負債表顯示出公司在資金周轉中動用的負債和資

本各佔多少比例。

　　例如當負債比資產還多時，償還的負擔則相對較大，會使得公司難以成長，甚至導致公司倒閉。

　　那麼，投資又會是什麼樣的狀況呢？

　　資產負債表左側的資產狀況，會顯示周轉的資金投入在何種資產當中，例如流動資產或固定資產均有可能。若是流動資產，就必須觀察是以現金形式投入，或是以應收帳款或庫存的形式呈現。若是固定資產，就可能投入不動產或設備等。藉由觀察資金如何周轉，以及在投資上如何運作調配，就能讓資產負債表變得更容易理解。

流動與固定

　　資產負債表中有「流動資產」、「流動負債」、「固定資產」及「固定負債」等項目。由此不難看出「流動」與「固定」兩大關鍵字。

　　所謂的「流動」，是指公司擁有的商品等，在從進貨到銷售的營業循環過程中，產生並加以區分的資產和負債項目。

　　因進貨而產生的流動項目，包括「庫存資產」、「應付帳款」及「應付票據」等。因銷售而產生的流動項目，則包括「應收帳款」和「應收票據」等。

此外，其他的資產和負債，會以自結算日起一年內是否到期
（例如是否會現金化或必須支付現金等）來區分，而一年內將到
期的資產屬於「流動」，期限超過一年的則屬於「固定」。

流動資產

　　「流動」項目中的資產屬於「流動資產」，包括「現金存
款」、「應收帳款」、「應收票據」及「庫存資產」等。其代表
性項目詳細分列在下頁的圖3－10當中。

3－9　流動資產

（資產部分）		（負債部分）	
流動資產		⋮	
現金存款	1,470	⋮	
應收帳款	43,000	⋮	
應收票據	53,000	⋮	
庫存資產	68,000	⋮	
其他	3,090	⋮	
減：備抵壞帳	△960	⋮	
流動資產合計	**167,600**	⋮	
⋮		⋮	
資產合計	**331,300**	**負債・股東權益合計**	**331,300**

3－10　流動資產的代表性項目

現金存款	現金，存款（儲蓄）
應收帳款	透過銷售等一般營業交易所產生營業上的未收回款項。非營業交易所產生的款項，則視為其他應收帳款
應收票據	因銷售等營業交易所收取的支票或本票
庫存資產	為進行銷售所進貨或製造的資產。包括商品、製品、半製品、半成品、原料、儲藏品等
商品	庫存資產中為進行銷售而從外部進貨，並可直接銷售的物品
製成品	庫存資產中於自家公司製造並完成的物品
原料	庫存資產中用於製造目的的材料
在製品	庫存資產中尚處於製造過程中的物品
預付款	接受持續性服務時需先支付款項的項目。如未到期保險費、房租等
暫付費用	雖已支付款項，但仍未確定是否需進行後續處理的項目
預付貨款	進貨時所支付的部分或全額款項
其他應收帳款	一般營業活動以外所產生的未收回款項
有價證券（短期）	對外持有的金錢債權中，能於一年內收回的項目
遞延所得稅資產	適用於稅務會計時所產生的一種特定先行支付之稅金
備抵壞帳	備抵債權時所需的預估金額

固定資產

固定資產可分為「有形固定資產」、「無形固定資產」及「投資等（投資其他資產）」。

有形固定資產必須是可持續運用一年以上的資產，而且是擁有物理性質的實體物品。例如，所謂的「設備」就可以列在此項目當中。代表性項目如下次頁的圖3−12所示。

3−11　有形固定資產

（資產部分）		（負債部分）	
⋮			
固定資產		⋮	
（有形固定資產）		⋮	
建築物	40,000	⋮	
運輸工具	10,000	⋮	
工具器具	3,000	⋮	
土地	50,000	⋮	
有形固定資產合計	103,000	⋮	
資產合計	331,300	負債・股東權益合計	331,300

3－12　有形固定資產的代表性項目

建築物	自家公司所持有的大樓或工廠等
建物附屬設備	附屬於建築物的相關設備、水電、排水、冷暖氣及電梯等
機械裝置	工廠及建設現場所使用的動力裝置、輸送帶、推土機、怪手等
運輸設備	地面上的交通工具、貨車、卡車等
工具、生財器具、備用物品	於工廠或業務上所需的工具。包括裝配工具、電腦、家具等
土地	自家公司所持有的土地
評估中的建案	以未來將用於事業上為前提，所投資商討中的建案等

無形固定資產

　　「無形固定資產」和有形固定資產同樣必須為可持續運用一年以上的資產，但未必得是實體物品。代表性的項目如圖3－14所示。

3－13　無形固定資產

（資產）		（負債）	
⋮			
電話架設權	500	⋮	
借地權	1,000	⋮	
軟體	200	⋮	
無形固定資產合計	1,700	⋮	
資產合計	331,300	負債・股東權益合計	331,300

3－14　無形固定資產的代表性項目

電話架設權	指架設電話進行通訊的權利
商譽	指經營面的各項能力，亦可用於和其他公司比較獲利能力強弱的指標
專利權等	於法律層面上的權利，包括商標權、實用案件權、意象權等。於資產負債表上將以各種權利的名義計入
電腦軟體等	可於電腦上運作執行的程式等

投資其他資產合計

　　「投資其他資產合計」並不會區分於流動資產、有形固定資產及無形固定資產等任一項目中，但如果是超過一年後可現金化的資產則可列於此項目。代表性的項目如圖3－16所示。

3－15　投資其他資產合計

（資產）		（負債）	
有價證券	500	⋮	
短期投資	100	⋮	
長期投資	58,000	⋮	
其他	400	⋮	
投資其他資產合計	59.000	⋮	
固定資產合計	163,700	⋮	
資產合計	331,300	負債・股東權益合計	331,300

3－16　投資其他資產合計的代表性項目

投資有價證券	以投資為目的所持有的有價證券
子公司股份	子公司之股份
長期投資	來自持股公司之外其他公司的出資額
有價證券（長期）	因放貸所獲得的金錢債權，超過一年後才加以收回的款項

流動負債

　　和流動資產相同，流動負債是在進貨至銷售為止的一般營業過程中，產生的資產及負債項目之一，且會列於支付期限於一年以內的負債當中。代表性的項目如圖3－18所示。

3－17　流動負債

（資產）		（負債）	
⋮		應付票據	43,000
		應付帳款	63,000
		短期借款	50,000
		應付費用	30,000
		應付所得稅	2,000
		其他	35,000
		流動負債合計	**223,000**
資產合計	**331,300**	**負債・股東權益合計**	**331,300**

3－18　流動負債的代表性項目

應付票據	作為購入材料、商品及製品的費用而支付的票據
應付帳款	在購入材料、商品及製品的費用當中尚未支付的款項。除了業務交易之外的費用，將列為其他應付款
短期借款	償還期限為一年以內的借款
其他應付款	除了一般的業務交易之外，尚未支付的款項
墊付款	在進貨等業務中，由對方先行代墊付的部分或全部款項
暫存款	客戶或員工暫時寄存於公司的款項
應付費用	持續買進服務時，雖已接受服務，但仍未支付的款項，例如未入帳的保險費、薪資等
應付所得稅等	包括未支付的營利事業所得稅、地方稅款等

固定負債

指支付期限超過一年的負債，代表性項目如圖3－20所示。

3－19　固定負債

（資產）		（負債）	
⋮		⋮	
⋮		固定負債	
⋮		長期借款	73,000
⋮		其他	300
⋮		固定負債合計	73,300
⋮		⋮	
⋮			
資產合計	**331,300**	**負債・股東權益合計**	**331,300**

3－20　流動負債的代表性項目

長期借款	償還期限超過一年的借款
應付公司債	公司為了籌措資金，而向外部發行的有價證券
退職準備金	在期末時估算出未來退職金的給付金額。若事先為支付退職金而保有年金資產，就可以將此金額從負債中扣除

股東權益

可區分為「股本」、「資本公積」及「保留盈餘」。代表性項目如圖3－22所示。

3－21　業主權益

（資產）		（負債）	
⋮		（股東權益部分）	
⋮		股本	10,000
⋮		盈餘公積	10,000
⋮		保留盈餘	15,000
⋮		**　　股東權益合計**	**35,000**
資產合計	**331,300**	**負債・股東權益合計**	**331,300**

3－22　股東權益的代表性項目

股本	股東所出資的金額
資本盈餘	出資或買賣自有股份等資本交易所產生的盈餘
資本準備金	未列入股東所出資的資金當中的金額等
其他資本盈餘	資本盈餘中除資本準備金外的金額，包括「資本盈餘之減少差額」及「自有股份之處分差額」等
保留盈餘	利潤當中需保留於內部的部分
法定公積	保留盈餘中，進行盈餘分配時需保留的定額公積金
庫藏股票	在公司所發行的股份當中，由自家公司所持有的股份。在股東權益部分將顯示負數
備抵有價證券跌價損失	投資有價證券當中，依市價評價其他有價證券後所得之評價金額
遞延損益避險金	當適用於避險會計時，將以市價評價之避險手段的損益及差額價金，遞延至確認避險對象之資產、負債相關損益為止之金額
選擇權	未來當發行新股份時，能獲得申購的權利

04　什麼是現金流量表？看出賺錢公司倒閉的原因

閱讀重點

運用財務三表當中的現金流量表來理解公司的金流動向。

　　相較於「損益表」和「資產負債表」，所謂的現金流量表，用於呈報某事業該年度從期初至期末的「現金」變動情形（如下頁圖3－23）。具體地說，就是報告在某活動下共有多少現金入帳和支出的報表。

現金流量表的特徵

可讓利潤和現金的增減明朗化

　　在第2章中提過，即使會計上出現利潤，也未必表示公司持有相當於該利潤的「現金」。

　　如果帳款回收順利，在未來的「某天」將會有相當於「該利潤」的現金入帳，但實際上何時能獲得該利潤，則會被現金的回收狀況所左右。

而現金流量表，即是用來呈報利潤是以何種形式影響現金增減的報表。

3－23　一般的現金流量表

營業活動現金流量	
稅前本期淨利	**346**
折舊費用	400
收取利息及股利	△100
支付利息	600
非常損失	1,000
非常利益	△350
應收帳款	△500
存貨	400
應付帳款	△500
其他	464
小計	**1,760**
利息及股利收入	90
利息支付額	△580
所得稅費用等支出	△70
營業活動的現金流量統計	**1,200**
投資活動現金流量	
取得有形固定資產之支出	△1,500
售出有形固定資產之收入	1,300
售出投資有價券之收入	500
投資活動的現金流量統計	**300**
理財活動現金流量	
償還長期借款支出	△1,000
理財活動的現金流量統計	**△1,000**
約當現金之增減額	500
約當現金期初餘額	3,500
約當現金期末餘額	**4,000**

如此一來，即可看出帳面上的「淨利」和實際的「約當現金」之間有多少落差。

和淨利無關的現金變動狀況同樣一目瞭然

在「損益表」的說明中，曾提及關於「折舊費用」的內容，也就是在購入固定資產時，並不會直接將購入金額直接全數認列於費用中，會因應購入物品所設定的使用年限逐步認列。

而在這樣的狀況下，如果以借款等資金來購入固定資產時，其金額便不會反映在利潤上。意即「資產負債表」上只會顯示「擁有幾部車輛」及「和銀行借了多少款項」。

然而如果從現金流量表來觀察，就能夠明確地看出購入固定資產共支出了多少「現金」，以及借款方面動用了多少「現金」等。

理解現金流量表

接著讓我們來簡單地認識組成現金流量表的各個部分。

營業活動現金流量

所謂的「營業活動現金流量」，是用來表示該公司進行經營（從事該事業）共獲得多少現金的數據。

若以「損益表」而言，此部分則是相當於營業淨利和經常利益的數據。「營業活動現金流量」一旦呈現赤字，代表公司所經營的事業並未獲得任何現金。

在「營業活動現金流量」當中，會從「損益表」中出現的「稅前淨利」開始依序調整和實際現金變動不一致的「收入」和「費用」項目。

在此以折舊費用為例說明。

折舊費用在損益表中，被視為造成淨利減少的「支出」，但由於並未實際支付所計入的金額，因此「現金」便會調整為「＋」。

其他依營業活動所區分的資產負債增減，同樣也會進行調整。

在此希望各位注意的要點在於，當資產一旦減少，「現金流量表」當中的現金就會呈現「＋」。相對地當資產增加時，現金就會呈現「－」。

資產減少即意味著「現金」回收（如售出了庫存商品等），而資產增加（如買進庫存商品等）時，則表示支付了相對的「現金」。然而如以負債的觀點來看則恰好相反。所謂的負債減少代表的是「支付了現金」（如支付應付帳款），因此現金自然會呈現「－」。當負債增加時表示「未支付其他現金」（如借入新款

項），因此現金會呈現「＋」。

透過這樣的方式調整收入及支出項目，以及資產負債的增減後再次進行小計，之後再計入所收取的利息和股利等現金收入額，或是因支付利息或所得稅費用等現金支出額，即可計算出「營業活動的現金流量統計」。

投資活動現金流量

此為表示公司為發展事業所進行的設備投資，或是其他有價證券投資所使用的「現金」數據。

例如，投入了多少現金購買設備，或是於本業之外的投資活動獲得多少現金利潤及支出等，都可透過此報表取得資訊。

理財活動現金流量

此為表示公司在進行事業時，從外部調集及償還現金之數據。如藉由借款或成立公司債進行周轉，或者償還金額及資本的變動等，均可透過此報表取得資訊。

05 不論是管理者、投資人，都得看懂財務三表的重點

閱讀重點→

透過本章節能瞭解損益表、資產負債表及現金流量表這三大報表之間的關連性，並更加深入財報的核心內容。

　　我們已分別說明「損益表」、「資產負債表」及「現金流量表」三大報表的內容。但實際上，財務三表之間存在相互影響的關連性。只要透過三份報表互補資訊並加以比較，就能解讀出其中隱藏的訊息。

損益表和資產負債表

　　資產負債表中的「股東權益」有所謂的「保留盈餘」。前年度的資產負債表當中的保留盈餘增加額，一般而言會與損益表當中的淨利增加額相同。

　　也就是說，只要觀察資產負債表中的「保留盈餘」增加或減少多少，就獲得等同於檢視損益表的效果。

損益表和現金流量表

　　「現金流量表」是以損益表當中的「本期稅前淨利」為起點，調整淨利和現金不一致的收入及支出，並顯示其對於「現金」增減造成何種影響的報表。

　　也就是說，利潤和現金的增減關係亦可從現金流量表中看出。

資產負債表和現金流量表

　　現金流量表中的約當現金期末餘額，會和資產負債表中的「約當現金」一致（大致上亦會和資產負債表的現金存款項目一致，但需除去流動項目中的有價證券或超過一年定期存款等）。

　　此外，「約當現金期初餘額」之金額和前期期末的資產負債表當中的「約當現金」也會一致。

　　資產負債表中的「約當現金」，從期初至期末的變動，亦可從「現金流量表」中看出。

閱讀財務報告的兩大重點

首先設定目標

解讀財報時最重要的是，先決定究竟「要理解公司的哪個部分」，也就是所謂的「設定目標」。

我們之所以要閱讀財務報告，當然是希望透過其內容掌握公司的狀況。究竟要掌握什麼樣的內容，一開始不妨先從「收益性」和「穩定性」兩方面切入。

「該公司的獲利方式為何？是否有持續獲利的空間？」（＝收益性），「該公司是否有倒閉的風險？獲利狀態能否持續？」（＝穩定性）。

透過比較，找出差異的原因

在解讀財報時，我們通常會將重點放在各種數字和比率上，但仍必須比較各種數字和比率，才能讀出其中真正的意涵。

舉例來說，即使聽到「銷售收入為一億元」，光憑這個數字很難做出任何判斷。但是，如果能獲得去年同期的銷售收入為八千萬元的資訊，就能與前期做比較，並判斷營業額確實提升。但是，如果競爭對手的前期銷售收入同樣為八千萬元，而本期提升至兩億元，就能判斷該公司的成長幅度不如其他公司。

透過比較能釐清該數據究竟代表什麼意義。當確立結果時，接著分析數據出現差異的原因，就能正確掌握公司的狀況。

「解讀財務報告」其實只是一種手段，唯有透過數字的重組和分析，進而瞭解公司的實際狀況，才是學習財報的真正目的。這一點請務必謹記在心。

此外，希望各位留意，與前期的數字和競爭同業的數據做比較時，會因為解讀者不同，而使得銷售收入金額代表的意義有所變化。當銷售數字比前期更高時，可以判斷銷售狀況好轉，而與同業比較銷售數字後，也可能解釋為銷售狀況下滑。

06 投資人如何看出公司投資效益？看兩張表就能懂

本章節將繼續說明從財務報告中，解讀「收益性」及「穩定性」的重點。

「收益性」可表示一間公司是否獲利，而其本質在於公司收回帳款的狀況，而非公司資金的支出。

另一方面，「穩定性」則用於判斷公司是否有倒閉的危險，也就是其是否擁有足夠償還借款的能力。在此讓我們再一次概略地回顧現金、損益表和資產負債表之間的關係（圖3－24）。

由於進行事業活動需要資金，因此資產負債表會用來表示該資金以何種形式調集或周轉。如果從外部借入即會形成負債，而股東出資的現金則為資本，並會計入資產負債表的右側。

接著，公司會運用所調集的資金來從事各種事業活動，而運用資金的模式主要則分為兩種。其一是將支出的資金計入費用當中，並且表示於損益表中的支出費用。另一種模式則是計入資產負債表的資產當中。

用於公司活動的資金在計入支出費用前，將會以資產的形式

存在於資產負債表左側。而當資金因進行活動而支出時，則會計入損益表的支出費用當中。

　　最後，依據公司進行活動的結果，將所收回的款項以銷售收入形式計入損益表中。

　　資產負債表會顯示公司如何調集資金進行活動，亦可視為顯示資金用途的報表。而損益表則用來顯示該資金用於何處，以及顯示所投入資金的回收狀況。

3－24　現金、損益表和資產負債表的關係

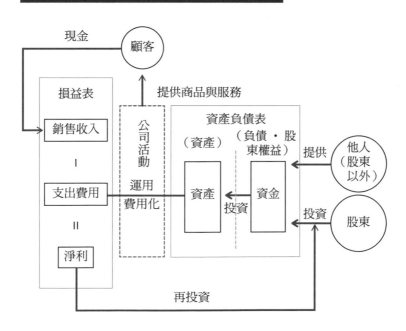

07　管理者如何檢查公司獲利狀況？7 要訣看懂損益表

閱讀重點→

本章節將介紹用於釐清公司是否確實獲利，並將其收益性明朗化的分析手法。

　　要評量一間公司的收益能力，必須以損益表為中心來分析，而從下往上解讀更是不可遺漏的要訣。

觀察收益性的7大要訣

① 關注淨利金額

　　我們一邊確認損益表最下方是否確實顯示「本期淨利」，並且由下開始朝著最上方的「銷售毛利」逐一進行審視。例如可以從確認營業淨利到經常利益為止的變化，並觀察該利潤變化的原因對損益表的各項目造成多少影響起步。

② 觀察損益時應同時檢視過去幾期的數據

當分析一間公司時，只看單一年度的數據並不夠。若能比較過去幾期的數據，並搭配財務報告內容，會更有助於釐清公司的狀況。

公司的各種淨利是在何種情形下發生增減？對各種淨利的增減造成影響的是哪些「項目」？接下來將舉出實例進行說明。

③ 檢視和銷售收入相關的比率

所謂的比率，是指相對於銷售收入的各淨利的比率（＝「銷售毛利率」、「營業淨利率」、「經常利益率」、「本期淨利率」）。

此外，有時也會個別檢視，在支出費用中佔較大金額的「銷售成本」、「人事費」及「廣告宣傳費」等各項比率。

其目的在於，確認比率處於增加或減少的狀態，以及找出造成增減的原因及其項目。

另外，在進行檢視時，除了同時檢視該公司過去幾期的數據之外，應該與其他同業的比率相互比較，以確認該項目對淨利造成的影響幅度，就能瞭解各公司的收益性及其特徵。

④ 以配套方式檢視利潤金額和比率

必須同時檢視剛才說明的「金額」和「比率」，才能找出影響淨利的原因。

舉例來說，當淨利金額增加時，往往容易認定該公司的收益力提升。但如果再次檢視整體的銷售毛利率，可能會發現其比率其實呈現下滑的狀態。

⑤ 檢視獲利能力

現金流量表中的「營業活動現金流量」，用於表示該公司憑藉本業獲利的能力。因此，只要檢視該現金流量的過去及變化狀況，就能分析該公司的獲利能力。

但是，由於上市公司以外的公司鮮少會製作現金流量表，因此若要調查非上市公司時，可以改用「營業淨利」＋「折舊費用」來計算。

這樣的方法，雖然較無法適用於「備抵金」相對較高的上市公司（由於上市公司通常備有現金流量表，因此可視情況調整），但用於檢視中小企業卻是相當有效的方法。只要將該金額與前期和其他公司做比較，就能理解該金額代表的意義。

⑥ 檢視ROA

ROA指的是「總資產報酬率」。

ROA＝稅後淨利÷總資產

利潤除了使用損益表中的「經常利益」外，亦可能使用「本期淨利」來表示。

總資產則會使用資產負債表中的「資產合計」來表示。該數值所代表的意義，在於「運用公司資產獲得了多少利潤」。

公司資產是使用公司資金所購得的物品，亦可視為「不同形式的資金」。但是，在損益表中只能看見「部分的金錢變動」。事實上資金也會轉變為資產，並且進行各種投資以求獲利。

例如工廠即屬於資產之一。而資產的運用狀況則會顯示於ROA之上。

因此只要檢視ROA，就能看出公司如何運用所持有的綜合資產，以及是否確實獲利。接著就讓我們來看看具體的實例。

⑦ 比較ROA來檢視收益力

3－25　比較A公司的ROA

	3年前	本期
銷售收入	1,000	1,000
本期淨利	100	100
資產合計	1,000	10,000
ROA	**0.1**	**0.01**

A公司3年前和本期淨利都是100，而銷售利潤率則是10％。從損益表上看起來收益力似乎沒有變化，但3年前的總資產為1,000，本期則提升至10,000。至於ROA則分別為0.1和0.01。

相對於3年前以1,000的資產獲得100的淨利而言，本期的淨利並未變動，但所投入的資產卻提升到了10,000。和所持有的資產相比較後，可以發現其所能獲得的淨利減少了。

由此即可判斷A公司使用其所持有資產獲利的能力，相較於3年前有所下滑。

08 如何檢查公司的穩定性？ 7要訣看懂資產負債表

閱讀重點→

本章節將說明如何判斷公司是否有倒閉風險，以及明確判斷其經營穩定性之分析手法。

接著，我們學習如何判斷一間公司的財務是否健全。所謂的「穩定性」，換言之，即是確認公司是否處於可能倒閉的危險狀態中。在此要再次強調的是，公司是否會倒閉，取決於該公司是否有能力償還借款，以及是否確實持有足夠資金以供周轉。這時候需檢視的報表為資產負債表。

觀察穩定性的7大要訣

① 檢視自有資本比率

所謂的自有資本比率，是用來呈現資本佔總資產比例的指標。

資產負債表中的總資產和所調集的資金將會一致。而隨著調

集資金的方法不同，將會分為需償還的負債及不需償還的負債，但如果考量到穩定性，必須償還的負債比例自然是越低越好。

因此，當負債佔總資產的比例越小，即可表示該公司所承擔的風險越小。

② 分析自有資本比率的訣竅

自有資本比率同樣無法以單一年度的數據來判斷。因此應該加入過去的比率，並且觀察其變化的狀況。

當經過數個結算期，自有資本比率也隨之下降時，就可判斷該公司處於「財務狀況逐漸惡化」的狀態當中。

但是，自有資本比率的高低會隨業種不同而有差異，因此也必須和同業其他公司進行比較。

當自有資本比率呈現負數時，可以顯示該公司設立至今，不僅尚未由虧轉為盈，還處於持續自蝕資本的狀態當中。而一間資本呈現負數的公司，往往多是正面臨經營危機的公司。

③ 檢視所持現金

當手中可運用的現金越多時，償還負債的能力就會越高，當然也可視為穩定性相對較高的公司。

在進行分析時，應注意該公司相較於所背負的負債，手上共

持有多少可供運用的現金。而且特別必須和負債當中的借款進行針對性比較。

④ 比較流動資產、流動負債及負債

比較流動資產和流動負債也是相當重要的動作。

「流動資產」概略而言指一年內會轉化為現金的資產，「流動負債」則是指於一年以內必須償還的負債。

當流動資產超過流動負債時，即表示該公司的資產足以負擔需即刻償還的負債。

相反地，當流動負債超過流動資產時，表示該公司的資產無法負擔需即刻償還的負債，因此可判斷其穩定性相對較低。

只要流動資產大於「流動負債」和「固定負債」的負債總和，即可視為該公司在資金方面不虞匱乏。

藉由和過去數據及同業比較，從實際比率來進行檢視，將更容易找出公司經營狀況的變化及差異所在。這時候所使用的比率，稱為「流動比率」，可透過以下公式求得。

> 流動比率＝流動資產÷流動負債

⑤ 檢視固定資產的調集來源

觀察固定資產金額較高的公司，其固定資產的匯集來源也是重點之一。

固定資產為公司運用於長期業務活動的資產，並且最後將以現金形式加以收回。投入固定資產中的資金一般而言無法立刻收回。因此，該公司投入固定資產中的現金，必須盡可能為不會被要求支付的「資本」（股東權益），而一旦資本不足時，就會從支付期限相對較長的「固定負債」進行周轉。在此就來比較固定資產的金額和資本金額，以及「資本＋固定負債」的金額。

當固定資產比「資本」和「固定負債」的總和要高時，就會從相較下償還期限較短的「流動負債」來進行資金調集，因此可判斷該公司的穩定性相對較低。

而和過去數據及同業進行比較時，所使用的比率稱為固定資產長期適合率。可透過以下公式求得。

固定資產長期適合率＝固定資產÷（資本＋固定負債）

⑥ 檢視借款的償還期限

一間公司是否正面臨倒閉危險，往往取決於該公司能否償還其借款。因此檢視公司經營狀態時，亦會觀察其背負的借款金額大小。至於借款金額是否過於龐大，則會和公司營收做比較後再

行確定。當借款金額比淨利高出許多時，公司將可能無力償還而導致破產。相對地，即使乍看之下借款金額不小，但只要公司收益來得更高，走向倒閉的可能性就會較低。

　　具體方法是透過「現金流量表」來檢視其借款金額，並且確認該借款將於多長的期限內償還。

　　當該公司沒有現金流量表時，則可用「營業淨利」和「折舊費用」的合計數值代替。圖3－26是具體的範例。

3－26　從借款金額來檢視穩定性

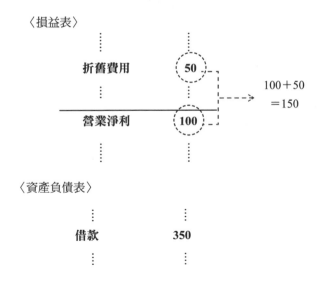

143

營業淨利＋折舊費用為150，借款為350，因此計算後可得2.3年（350÷150＝2.3年）。

只要有2.3年的償還期限，該公司的穩定性自然不成問題。但如果超過5年，表示該公司的借款金額偏高，而一旦超過10年的話，該公司的穩定性就可能相對較低。

⑦ 調查周轉期間

最後要看的是應收帳款和庫存資產的周轉期間。為了確認公司的穩定性，以及公司是否持有足以償還借款的資金，我們會從應收帳款和庫存資產，能否以現金形式回收的可能性高低來判斷。

周轉期間可透過以下公式求得。

> 應收帳款（存貨）周轉率＝應收帳款（庫存資產）
> ÷銷售收入／12

和每月平均的銷售收入相比較，將可看出該公司持有多少「應收帳款」和「庫存資產」。

當周轉期間和過去相比呈現幾乎一致的數值時，則表示公司經營狀態健全的可能性較高。重點在於比較該公司一般性的帳款回收期間及商品從進貨到銷售為止的期間。只要數值略高於周轉期間，基本上就不會有問題。但是若明顯高於該期間則必須注

意，因為這很可能表示，該公司正持續增加某種無法以現金回收的資產。

　　下圖3－27即為此內容的範例。請試著參考並計算周轉期間。

3－27　調查周轉期間

〈資產負債表〉

應收帳款	150
庫存資產	300

〈損益表〉

銷售收入	2,000

應收帳款周轉率＝150÷（2,000÷12）＝0.9

庫存資產周轉率＝300÷（2,000÷12）＝1.8

09 面對財報不說的秘密，你得用這兩招找出資訊

閱讀重點→

本章節將說明如何解讀財務報告上無法看出的資訊，以及該如何運用從財務報告獲得的資訊。

財務報告也有無法呈現的資訊

目前為止，我們針對基本的財務分析進行深入淺出的說明。但事實上，光憑財務報告，仍然無法真正理解公司營運的全貌。

解讀財務報告能瞭解數值的大小和變化，但是無法看出為何會產生這樣的變化。

舉例來說，即使從財務報告中看出收益率下降的事實，也無法理解發生的根本原因。究竟是因為社長調整經營方針，或是因為競爭同業採取低價策略所造成？諸如此類的資訊都沒有記載在財務報告中。

如果要更深入地理解公司的實際情況，就必須找出發生變化的原因。這時候，徵信社的調查報告、該公司的網站等，都能派上用場。

如果往來公司是上市企業，對方必須每年公布其上市公司財務報告。該報告不只登載財務資訊，更是能獲得各種相關資訊的寶庫。

上市公司財務報告大多可以從公司網站取得。另外，在公開資訊觀測站，也能看見所有公開資訊。各位不妨多加利用。

接著，我們再次進入實戰內容。在取得往來公司的財務報告後，可以從財務報告中看出，若是與該公司交易，對方將受到何種影響。在此也將介紹，從財務報告中可看出的幾種經營徵兆，以及其應對方法。

第一招：從損益表思考客戶端發生狀況時的因應方法

首先是從損益表中能看出的徵兆。請先確認往來公司將自家商品或服務計入在哪個項目中，並且針對該項目的金額變化進行分析。

從銷售收入可推知的狀況

將往來公司的銷售收入與前期做比較，當銷售收入成長時，即代表其業務規模有擴大的趨勢。此時也必須思考其變化對自己

公司會產生何種影響。

舉例來說，即使自家公司的營業額提升，提升幅度也未必能超過往來公司。這時候為了找出原因，就必須委託該公司的負責人收集相關資訊。背後因素可能是對方同時和其他同業進行交易，亦可能是用成本較低的替代商品來掩飾也說不定。

從淨利率可推知的狀況

當淨利率逐年下降時，代表該公司很可能正在削減相關支出。而往來公司削減支出會對自家公司產生何種影響，則是負責該交易的主導者必須思考的。

舉例來說，當往來公司始終不願降低售價，表示對方可能早已擬好策略並貫徹執行，因此自家公司也應該事先設想到該狀況並且擬定對策，例如削減相關成本，或是當碰上這類狀況時，可選擇其他商品進貨的備案等。

從損益表可推知的狀況

檢視和自家商品及服務相關的項目，內容變化也是很重要的一環。當取得往來公司的銷售成本明細或銷售費用及一般管理費用明細時，就應該仔細檢視當中的變化。如變化和自家公司的營業額變化不一致，就應該委任負責人進行調查。瞭解原因之後，

才能夠思考其對自家公司的影響程度，並且採取適當的因應對策。

第二招：從資產負債表思考客戶端發生狀況時的因應方法

資產負債表是為了確認公司營運穩定性而必備的報表。當要考量是否繼續與對方往來，或是要評估債權穩定度時，通常會檢視往來公司的資產負債表。具體上應注意以下幾點。

從自有資本比率可推知的狀況

當自有資本比率落在50％上下時，一般可視為營運上沒有問題的公司。但是，當自有資本比率低於20％並逐年惡化時，必須注意該公司的營運狀況。身為課長的責任，則是要當機立斷地指示負責人收集相關資訊。

若對方開始出現付款延宕的狀況，課長也必須評估是否要縮小交易量，或是在保證金能承擔的範圍內進行相關指示。當自有資本比率呈現負數時也一樣，為了保全債權，必須將交易量縮小至保證金能承擔的範圍。

從借款償還能力可推知的狀況

借款亦可稱為簡易現金，並可使用（營業淨利＋折舊費用）所除出的數值來比較。

當得出的數值為3以下則沒有太大問題。若該數值落在5前後就應開始注意，並且持續關注該數值是否有繼續上升的狀況。

而當得出的數值為10以上時，就必須緊密注意該公司的營運穩定性。此時除了指示負責人開始收集相關資訊外，一旦發生延遲付款的狀況，就應縮小交易量，或將交易金額控制在保證金以內。

上述所說明的內容即是取得財務報告後所能推知的狀況。只要善加運用手中的財務報告，必能發現隱藏在平時工作中的各種訊息。

POINT OF THIS CHAPTER

本章重點整理

☑ 損益表會顯示公司的業績，資產負債表反映出公司的財務
　狀況，而現金流量表則呈現出公司的金錢流向。

☑ 解讀財務報告就是善用財務報告的內容，來理解公司的狀
　況。

☑ 在解讀財務報告時，首先必須理解財務報告中的用語和配
　置法則。

☑ 解讀財務報告時，必須預想目的，並採取適合該目的的方
　法來解讀。起步時，憑藉本書的分析方法便綽綽有餘。

☑ 盡可能進行比較，並尋找產生差異的原因。越是詳細分析
　比較各種數值，並深入探尋差異來源，就能越加瞭解公司
　的狀況。

☑ 光只是解讀財務報告，不足以通盤地瞭解公司。有時候，
　可能運用財務報告之外的資訊，來突破盲點。

第**4**章

如何讓每個員工，幫公司把關盈虧的安全線？

如何從年度預算中，找出最有競爭力的商品？

賺的是毛利還是淨利

　　田中和福田正在擬定部門剛接下的新商品每月銷售計畫。該商品是社長從國外買進，當然也是今後部門必須傾全力銷售的主力商品。

　　「田中，你覺得銷售量會落在多少？」

　　「我認為一開始每月應該可以銷出5,000個，明年開始則是每月7,000個。」

　　「這樣啊。我覺得好像稍微少了一點。如果照你說的數量賣出，會產生多少利潤呢？」

　　「初期利潤估計約在75萬元左右。」

　　「75萬元？那應該是毛利吧？我指的是營業淨利喔。」

　　「關於營業淨利……，其實我有想要統計銷售上的支出，但是我不知道該統計哪些支出項目才好，這一點我想趁這個機會一

併請示課長。」

被田中這麼一說，福田也覺得頗有道理。如果不先決定要支出的銷管費用，確實有可能造成後續困擾。

但是如此一來，就必須先行模擬各種銷售狀況。然而福田最不擅長的就是CVP分析（Cost-Volume-Profit Analysis），即損益兩平點分析法，光想到這裡就令他不自覺地憂心了起來。

「好，那就開始吧。這次進貨價格已經先決定好了吧？」

「是的，售價也已經按照社長的指示訂好了。再來只剩下計算銷售前的各項費用而已。」

「好，這次的新商品也會照先前建立的銷售管道進行銷售，所以應該不會產生其他特別支出才對。」

投入的部門資源

在這種情況下，銷售成功與否的關鍵就會落在究竟要投入多少部門資源來輔助銷售。

「這是本部門這個月的預算。」

銷售收入	50,600,000
進貨支出	42,570,000
銷售毛利	**8,030,000**
人事費	2,100,000
物流費	1,870,000
交通費	264,000
宣傳費	220,000
管理費	1,276,000
合計	**5,730,000**
營業淨利	**2,300,000**

「因為田中是這次專案的負責人，所以可以把你的薪資列入本專案的支出經費當中。還有這次將由我們負責銷售，所以原本我們部門的往來客戶會有幾個移轉到一課。另外，由於同樣鋪貨到既有的銷貨通路，所以支出的費用並不會變動，只有銷售額減少而已。我想這樣的狀況應該得持續半個月左右，所以我自己人事費的一半也要列入支出經費中。」

「請問其他支出要如何統計呢？」

「就用人數來除吧。本部門的成員扣掉我還有六個人，所以就以六分之一來算。這麼計算銷管費用就會變成110萬5,000元。」

人事費	500,000
物流費	311,667
交通費	44,000
宣傳費	36,667
管理費	212,667
合計	**1,105,000**

模擬銷售評估的支出

「再來就是進行模擬銷售評估的支出。這筆支出要列在變動費用還是固定費用呢？」

變動費用指的是因銷售金額和數量變動所產生的支出費用，而固定費用則是與銷售金額和數量無關的費用。

「除了進貨成本之外，全都列入固定費用裡。」

「咦！這麼概略地分類真的沒問題嗎？我原本打算使用CVP分析，所以還特地去讀了書，但還是不太懂變動費用和固定費用的區分原則⋯⋯。裡面都是分項精算法、最小平方法之類的專有名詞，讀得我已經幾乎舉白旗投降了。雖然我的立場不太適合這麼說，但是課長的分類不會太過草率了嗎？」

「要區分變動費用和固定費用確實很難呢。我也讀過相關的

會計書籍，但是這方面的解說實在太過複雜，所以我一直覺得沒辦法實際運用在工作上。後來是神木課長教我該怎麼使用。」

「原來是這樣啊。請問神木課長是怎麼說呢？」

「他說，只有會明顯變動的項目，才列入變動費用中。至於進貨費用或外包費用等，都只要列入固定費用就行了。另外，當缺少資訊而必須靠推敲時，就把銷售成本列入變動費用中，除此之外則全數列入固定費用就行了。」

神木課長的做法，是以業績目標的最低標準來進行試算。雖然試算的正確性很重要，但如果過度拘泥於正確性，就可能會在試算上投入太多時間，而無法實際運用在工作中，因此不如以相對簡易的方法來試算，才能省時又省力。

01

損益兩平點的10種模擬試算，教你遠離赤字危機

閱讀重點→

本章節將說明，透過使用CVP法，分析銷售收入與支出的關係，並進一步學習各種各樣的模擬試算法。

在此將說明CVP（損益兩平點）分析的運用方法。

所謂的CVP分析，是指利用銷售收入與支出費用的關係，導入各種模擬狀況來進行試算的手法。作者在以顧問身分按月向客戶報告公司損益狀況時，都會運用CVP分析，事先掌握公司的獲利和虧損狀況。

CVP分析的基本概念

利潤＝銷售收入－總成本

這是求利潤時使用的計算公式。CVP分析則是運用利潤、銷售收入及總成本之間的關係，進行各種試算。由於只有上述公式無法套用在實際狀況中，因此會再分解這個等式。

分解銷售收入與總成本

首先，由於銷售收入可以「每一個商品的售價」（接下來均以「售價」表示）和「銷售數量」表示，因此可以分解成如下的等式。

① 銷售收入＝售價×銷售數量

接著可將費用分解為兩種。第一種和商品進貨成本一樣，是會因應銷售收入和銷售數量而變動的「變動費用」。第二種則是無關銷售收入和銷售數量，在銷售過程中必定會支出的「固定費用」。

② 總成本＝變動費用＋固定費用

變動費用會因銷售量而改變銷售收入的金額，因此會以「每一個商品之變動費用」（接下來均以「變動單價」表示）乘以「銷售數量」計算。

③ 變動費用＝變動單價×銷售數量

而①～③的關係則正好符合一開始所提出的等式。

利潤＝銷售收入－總成本

＝（售價×銷售數量）－總成本

＝（售價×銷售數量）－（變動費用＋固定費用）

> ＝（售價×銷售數量）－（變動單價×銷售數
> 量）－固定費用

> ＝（售價－變動單價）×銷售數量－固定費用

最後則能使用售價、變動單價、銷售數量來表示利潤。只要使用上述等式，就能進行各種具代表性的模擬試算。

進行不會造成赤字的模擬試算

接下來讓我們借用案例4範例，來思考利潤為「0」的銷售數量和銷售收入。

售價：單價800元

進貨原價：單價650元

固定費用：1,105,000元

接著導入下列公式。

> 利潤＝（售價－變動單價）×銷售數量－固定費用

為了避免出現赤字，必須創造出能確保利潤為0以上的銷售收入。因此首先會將利潤設定為0，再將其他已知數值帶入等式中的各個位置，所求得的銷售收入則如圖4－1所示。

4－1　利潤為0的模擬試算

$$0 = (800 - 650) \times 銷售數量 - 1,105,000$$
（利潤）　（售價）（變動單價）　　　　　（固定費用）

在此尚無法得知的是銷售數量。為了求得銷售數量，在這裡需解開此等式。

$$1,105,000 = (800 - 650) \times 銷售數量$$

$$1,105,000 = 150 \times 銷售數量$$

$$\frac{1,105,000}{150} = 銷售數量$$

$$銷售數量 = 7,367個$$
$$(7,366.6\cdots)$$

$$銷售收入 = 800元 \times 7,367個$$
（售價）（銷售數量）

$$= 5,893,600元$$

若要使利潤為0元，必須售出7,367個商品，銷售收入則為5,893,600元。

損益兩平點銷售收入

各位曾聽過「損益兩平點銷售收入」這個名詞嗎？所謂的「損益兩平點銷售收入」，正是指利潤為0的銷售收入。

當銷售收入高於損益兩平銷售收入時，業績將會呈現盈餘，相對地則會出現虧損。此為評估收益狀況的基準之一。在方才的

範例當中，利潤為0的銷售收入5,893,600元，即是損益兩平點的銷售收入。

圖4－2為損益兩平點銷售收入的圖示。

4－2　損益兩平點圖

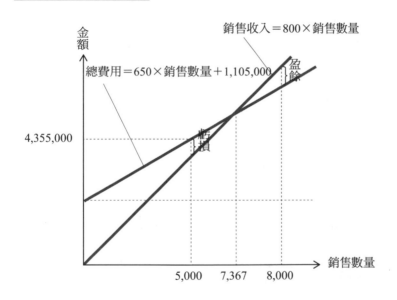

本圖稱為損益兩平點圖，是用於呈現銷售數量和總成本，以及銷售收入關係的圖。銷售收入線和總成本線交會處，即稱為損益兩平點。

在案例4當中，田中原先提出了月銷售數量為5,000個的估

算，但可看出總成本比銷售收入還高，因此最後業績將會呈現虧損。此外，也能算出當銷售數量超過7,367個時，銷售收入就會大於總支出費用，因此業績將會呈現盈餘。

另外，當銷售數量為8,000個時，銷售收入將會來到6,400,000元，總支出費用則為6,305,000元，利潤則為95,000元。

此損益兩平點圖，能夠簡單易懂地呈現出支出費用和銷售收入之間的關係，在進行財務簡報時不妨多加運用。

安全邊際率

接著要說明的是「安全邊際率」。這是指實際銷售收入相對於損益兩平點的銷售收入高出多少安全空間，同時也是表示銷售收入能降低但卻不至於成為赤字的比率。在此將試求6,400,000元銷售收入的安全邊際率。

4－3 安全邊際率

$$安全邊際率 = \frac{銷售收入 - 損益兩平點銷售收入}{銷售收入} \times 100$$

$$= \frac{6,400,000 - 5,893,600}{6,400,000} \times 100$$

$$= 7,9\%$$

安全邊際率為7.9%。這代表當銷售收入下滑7.9%時，無法再獲得利潤。

損益兩平點比率

其他另有在實際銷售收入當中，表示損益兩平點標準的數值，稱為「損益兩平點比率」。

4-4　損益兩平點比率

$$損益兩平點比率 = \frac{損益兩平點銷售收入}{銷售收入} \times 100$$

$$= \frac{5,893,600}{6,400,000} \times 100$$

$$= 92.1\%$$

剛才提及的安全邊際率與損益兩平點比率的關係，將符合下列等式。

安全邊際率＝1－損益兩平點比率

也就是說，當損益兩平點比率越低，安全邊際率就會相對升高。當損益兩平點比率越高時，安全邊際率就會隨之降低。

進行能夠創造利潤的模擬試算

為了達成部門的業績目標，在此將試算新創事業所必須的利潤。舉例來說，假設本次推出的新商品每個月必須獲得20萬元利潤，並且在此前提下進行模擬試算。

【問題】在既定售價及支出項目的限制下，計算為達成每月20萬元利潤所必須的銷售收入及銷售數量。

方才已試算過利潤為0的狀況，這一次則改為利潤為20萬元。首先將所需的數值帶入等式中。

4－5 利潤為20萬元時的模擬試算 ①

$$利潤＝（售價－變動單價）×銷售數量－固定費用$$

$$\underset{(利潤)}{200,000}＝（\underset{(售價)}{800}－\underset{(變動單價)}{650}）×銷售數量－\underset{(固定費用)}{1,105,000}$$

$$200,000＋1,105,000＝150×銷售數量$$

$$1,305,000＝150×銷售數量$$

$$\frac{1,305,000}{150}＝銷售數量$$

$$銷售數量＝8,700$$

$$銷售收入＝售價×銷售數量$$

$$＝800×8,700$$

$$＝6,960,000$$

也就是說，如果每個月要獲得20萬元利潤，每月的銷售目標數量將會是8,700個，銷售收入則為696萬元。

接下來讓我們運用CVP分析來試著解開幾個例題。

【問題】假設可能銷售數量為7,500個，且售價和變動單價固定，如要達成20萬元利潤，那麼固定費用應為多少？

4－6　利潤為20萬元時的模擬試算 ②

利潤＝（售價－變動單價）×銷售數量－固定費用

200,000＝（　800　－　650　）　×　7,500－固定費用
（利潤）　（售價）（變動單價）（銷售數量）

200,000＝150×7,500－固定費用

200,000＝1,125,000－固定費用

固定費用＝1,125,000－2,000,000

固定費用＝925,000

計算後所得的固定費用為925,000元。而目前的固定費用支出為1,105,000元，因此每個月只要削減180,000元即可達成目標。

舉例來說，為了削減每個月180,000元的固定費用，就應重新審視固定費用當中的項目，並且挑選出可藉由部門努力而能夠確實去除的項目，如此一來，就能提升部門達成業績的可能性。

當主管提出「削減費用」的意見時，究竟該以什麼樣的數字為標準來削減呢？面對部屬的質疑，主管是否能提出足以服眾的理由，將大大地影響對於部屬的說服力。

而只要向上述般提出穩當的數字，並明確告知部屬為了達成目標，每月必須削減180,000元的費用，必能讓眾人心服口服地齊心向前努力。

【問題】假設可能銷售數量為7,500個，且售價和變動單價固定，如要達成20萬元利潤，那麼變動費用應為多少？

4－7　利潤為20萬元時的模擬試算 ③

利潤＝（售價－變動單價）×銷售數量－固定費用

200,000＝（800－變動單價）×7,500－1,105,000
（利潤）　（售價）　　　　　（銷售數量）

200,000＝800×7,500－7,500×變動單價－1,105,000

200,000＝4,895,000－7,500×變動單價

7,500×變動單價＝4,895,000－200,000

變動單價＝$\dfrac{4,695,000}{7,500}$

變動單價＝626

變動單價為626元，換句話說，每個商品只要拉低24元售價，就能達成目標。在這個範例中，可以藉由與供貨商交涉壓低進貨成本來達成。

雖然單純要求降價不容易，但是視情況不同，有時候也可以採取大量採購以壓低售價的方法。

只要大量採購商品，每1個商品的單價就容易壓低。其理由通常被認為是大量生產的緣故，而作者起初也這麼覺得。當新商品甫問世時，價格相對較高，但隨著商品逐漸普及，價格會慢慢降低，而實際上這樣的例子確實很多。

在此我們思考大量生產、製造及進貨方式，能夠壓低售價的理由。

其實，這個現象能夠藉由變動費用和固定費用來說明。

在商品的製造成本當中，包含了變動費用和固定費用。由於固定費用是指必須支出的費用，因此只要商品數量增加，固定費用就會隨之降低。每1個商品的固定費用降低之後，每1個商品的售價自然也會下降。這就是大量生產能夠降低製造成本的理由。接下來，我們實際解題。

【問題】假設某商品每1個的變動單價為10元，而固定費用為1,000,000元。當製造100個時，每1個商品的製造成本為多少？當製造10,000個時，每1個商品的製造成本為多少？

4-8　製造數量與固定費用的關係

製造100個時	製造10,000個時
每1個商品的固定費用	每1個商品的固定費用

$$\frac{1,000,000}{100} = 10,000$$

$$\frac{1,000,000}{10,000} = 100$$

每1個商品的製造成本	每1個商品的製造成本
$10 + 10,000 = 10,010$	$10 + 100 = 110$

　　製造數量為100個時，每1個商品的成本為10,010，而製造數量為10,000個時，每1個商品的成本則為110。因此，當製造數量增加時，製造單價就會隨之下降，而由於成本下降，商品也有調低售價的空間。

　　這部分的說明稍微有些偏離主題。接著我們回到原本探討的內容，繼續進行能達成每月20萬元利潤的模擬試算。

　　【**問題**】假設可能銷售數量為7,500個，且變動單價和固定費用不變，若要達成20萬元利潤，那麼售價應該訂為多少？

4－9　利潤為20萬元時的模擬試算 ④

利潤＝（售價－變動單價）×銷售數量－固定費用

$200,000＝（售價－650）×7,500－1,105,000$

$200,000＝7,500×售價－650×7,500－1,105,000$

$200,000＝7,500×售價－5,980,000$

$7,500×售價＝200,000＋5,980,000$

$售價＝\dfrac{6,180,000}{7,500}$

$售價＝824$

可求出售價為824元。

接著讓我們繼續來思考如何設定進貨計畫。基本上可採用和銷售計畫相同的思考方向。

【問題】假設售價為800元，銷售數量為7,500個，固定費用則為1,000,000元。如變動費僅設定為進貨價格，那麼要達成利潤率5％的進貨價格應為多少？

4－10 利潤率為5%時的變動費用模擬試算

以利潤率5%來計算利潤

$$\frac{利潤}{銷售收入} \times 100 = 5\%$$

$$\frac{利潤}{800元 \times 7,500元} = \frac{5}{100}$$

$$利潤 = 0.05 \times 800 \times 7,500$$

$$= 300,000$$

因此需以獲得利潤300,000來思考進貨價格

$$\underset{(利潤)}{300,000} = （\underset{(售價)}{800} - 變動單價）\times \underset{(銷售數量)}{7,500} - \underset{(固定費用)}{1,000,000}$$

$$1,300,000 = （800 - 變動單價）\times 7,500$$

$$\frac{1,300,000}{7,500} = 800 - 變動單價$$

$$變動單價 = 800 - \frac{1,300,000}{7,500}$$

$$= 626（626.666\cdots）$$

可得進貨價格為626元。

【問題】當條件和前一問題相同，售價為800元，銷售數量為7,500個，固定費用則為1,000,000元。如變動費用僅設定為進貨價格，那麼進貨價格應為多少才能購入呢？

4－11　利潤為0時的變動費用模擬試算

思考利潤為0時的進貨價格

$$0＝（800－變動單價）×7,500－1,000,000$$
（利潤）（售價）　　　　　（銷售數量）（固定費用）

$$1,000,000＝（800－變動單價）×7,500$$

$$\frac{1,000,000}{7,500}＝800－變動單價$$

$$變動單價＝800－\frac{1,000,000}{7,500}$$

$$＝666（666,666……）$$

只要進貨價格為666元，就可確保獲利無虞。也就是將此價格視為標準值，並思考如何以低於該價格的金額來進貨。

以上即是使用CVP分析進行模擬試算的方法。在實際的工作上，將可試著調整成本結構、銷售價格和數量，藉此試算出應作為目標的價格、數量及費用。

02 簡單提高效率的精算方法，你得學兩種分項

閱讀重點→

本章節將說明進行CVP分析時，應該如何區分固定費用與及變動費用。

為了進行模擬試算而採用CVP分析時，最困難的部分經常在於區分固定費用與變動費用。

分解固定費用與變動費用的方法，包括最小平方法、高低點法、散佈圖表法、分項精算法等。在管理會計的書籍當中，通常會推薦最小平方法為區分固定費用與變動費用的最佳方法。近期推出的書籍也開始建議，採用EXCEL簡單地進行區分。

但是，作者並未使用過該方法。雖然曾經嘗試，但經常碰到在實際工作現場中，難以取得最小平方法所需數據的問題，因此最後只能打退堂鼓。

區分固定費用和變動費用的最佳方法

經過多次嘗試後，作者最後採用「分項精算法」的簡易版。

雖然它名為分項精算，但作者只會鎖定特定項目進行。因此，或許稱為特定項目精算法會更適合。

如果是位於銷售費用及一般管理費用當中的項目，若能明確視為變動費用的項目，就可以列入變動費用中，而其他則可以一鼓作氣地列入固定費用中。

實際上，銷售費用及一般管理費用中的項目，經常會全數列入固定費用中。

另一方面，當銷售成本裡列有詳細項目時，能明確視為變動費用的項目（例如人事費、折舊費用）就可以列入固定費用中，而其他則列入變動費用中。

本次介紹的案例4當中，將屬於銷售成本的進貨價格視為變動費用，而其餘項目則視為固定費用。在實務上，雖然需要進行相對複雜的分解，但採用這種簡便方法進行分解的公司也不少。或者可以說，實際上沒有其他真正適用的方法。

變動費用對於盤商而言多為進貨價格，對於製造商而言則為原物料及外包費用等。如果能取得銷售成本明細，將成本減去人事費及折舊費用後的金額列入變動費用，也是一種方法。

將CVP分析運用在工作中時，如果希望提高效率，就要盡可能採用能簡單分辨固定費用與變動費用的方法。

03 用邊際貢獻率，找出下一個你應力推的明星商品

閱讀重點→

本章節將使用損益表進行CVP分析，藉此說明各種模擬試算的方法。

　　CVP分析也能運用在損益表中。舉例來說，當部門損益表如下圖，就可以計算當該部門的利潤為500萬元時，需要多少銷售收入。

4－12　損益表

銷售收入	50,600,000
進貨成本	40,700,000
毛利	**9,900,000**
人事費	2,100,000
物流費	1,870,000
交通費	200,000
宣傳費	220,000
管理費	1,500,000
合計	**5,890,000**
營業淨利	**4,010,000**

要使用損益表時，必須先將利潤和支出費用的公式稍做調整後再行使用。

4－13　調整利潤計算公式

利潤＝銷售收入－變動費用－固定費用

$$利潤＝銷售收入\left(1-\frac{變動費用}{銷售收入}\right)-固定費用$$

$$銷售收入\left(1-\frac{變動費用}{銷售收入}\right)＝利潤＋固定費用$$

$$銷售收入＝\frac{利潤＋固定費用}{1-\dfrac{變動費用}{銷售收入}}$$

所要使用的是圖4－13最後的等式。

利潤為5,000,000元，而固定費用則是5,890,000元。用變動費÷銷售收入可得銷售收入佔變動費的比例，稱為「變動費用率」。在此僅將進貨費用視為變動費用，因此會以進貨支出÷銷售收入來進行計算。

4－14　計算所需的銷售收入

$$\frac{變動費用}{銷售收入} = \frac{40,700,000}{50,600,000}$$

$$= 0.804$$

將利潤、固定費用、變動比率代入圖4－13最後的等式中

$$銷售收入 = \frac{\underset{\text{（利潤）（固定費用）}}{5,000,000 + 5,890,000}}{1 - \underset{\left(\frac{變動費用}{銷售收入}\right)}{0.804}}$$

$$= 55,561,224$$

　　所需的銷售收入約為5,561萬元。在編列預算時，必須針對利潤目標來計算所需的銷售收入，另外也可用於計算安全邊際率來掌握目前的銷售收入狀況。

4－15　計算安全邊際率並求得銷售收入

$$安全邊際率 = \frac{銷售收入 - 損益兩平點銷售收入}{銷售收入}$$

損益兩平點銷售收入

$$0 = 銷售收入 - 變動費用 - 固定費用$$

$$0 = 銷售收入\left(1 - \frac{變動費用}{銷售收入}\right) - 固定費用$$

$$固定費用 = 銷售收入\left(1 - \frac{變動費用}{銷售收入}\right)$$

$$銷售收入\left(1 - \frac{變動費用}{銷售收入}\right) = 固定費用$$

$$銷售收入 = \frac{固定費用}{\left(1 - \dfrac{變動費用}{銷售收入}\right)}$$

上述等式為計算損益兩平點的公式，記住必能利於業務。

$$損益兩平點銷售收入 = \frac{\begin{array}{c}5,890,000\\(固定費用)\end{array}}{\begin{array}{c}1 - 0.804\\\left(\dfrac{變動費用}{銷售收入}\right)\end{array}}$$

$$= 30,051,020$$

$$安全邊際率 = \frac{50,600,000 - 30,051,020}{50,600,000}$$

$$= 40.6$$

安全邊際率為40.6%。表示目前的銷售收入的安全空間，尚有40.6%。藉此可瞭解每個月部門的業績狀況是否處於安全範圍內。

應用篇：找出應加強銷售力道的商品

接下來要進入應用篇。方才說明了變動費用和固定費用的關係，在此將更加深入地來觀察兩者之間的關連性。下述為兩種商品的損益表，讓我們一起來思考該加強哪一種商品的銷售力道。

4－16　商品A和B的損益狀況

	A商品	B商品
銷售收入	100	100
材料	20	15
人事費	30	40
銷售成本合計	**50**	**55**
銷售毛利	50	45
人事費	30	25
經費	10	25
管銷費用合計	**40**	**50**
營業淨利	**10**	**－5**

從圖4－16來看，可以看出B商品為赤字，因此或許會考慮

不再繼續銷售該商品。不過在那之前先試著將其分解為變動費用和固定費用後，再一次進行檢視。

4－17　商品A和B的損益狀況（變動費用與固定費用）

	A商品	B商品
銷售收入	100	100
材料	20	15
變動費用合計	**20**	**15**
邊際貢獻	80	85
人事費	60	65
經費	10	25
固定費用合計	70	90
營業淨利	10	－5

　　位於圖4－17正中間的項目稱為「邊際貢獻」，意指銷售收入扣除變動費用後的利潤。此為管理會計的專業用語，因此並不會見於一般公開的損益表之中。

邊際貢獻＝銷售收入－變動費用

　　從圖4－17來看，可以得知一旦撤下B商品，就無法繼續獲得85的邊際貢獻。但是無論是否要繼續銷售B商品，都會持續存在90的固定費用。（藉由裁員等方式將可削減固定費用，但大多數情況下，都無法在短期內削減固定費用。）

因此，即使B商品的營業淨利為負數，持續銷售仍是相對之下較好的選擇。

此外，從邊際貢獻來檢視，也可看出不一樣的內容。

邊際貢獻率＝邊際貢獻÷銷售收入

A商品和B商品的邊際貢獻分別為80和85，但如果改求邊際貢獻率，則可計算出下列結果。

A商品80÷100＝0.8（80%）

B商品85÷100＝0.85（85%）

B商品擁有較高的邊際貢獻率，此表示售出較多B商品時，將能比銷出相同數量的A商品獲得更多利潤。因此，應選擇B商品作為加強銷售的對象。

從銷售利潤率來看，A商品為50%（50÷100＝0.5），B商品為45%（45÷100＝0.45）。若光比較銷售利潤率，通常多會選擇利潤較高的商品銷售，但如果將費用分為變動費用和固定費用，並且以邊際貢獻來思考，就能得到不同的結論。因此在進行損益模擬試算時，應多加留意導入變動費用和固定費用後的差異。

POINT OF THIS CHAPTER

本章重點整理

☑ CVP分析可以運用【利潤＝（售價－變動單價）×銷售數量－固定費用】的等式。

☑ 區分變動費用與固定費用時，採用特定項目精算法將更容易區分。

☑ CVP分析也能用在損益表中。計算損益兩平點，可以運用【損益兩平點銷售收入＝固定費用÷（$1-\dfrac{變動費用}{銷售收入}$）】的等式。

第 **5** 章

店面、人事費……
怎麼配置，
公司才最賺？

能賺錢的投資方案，除了有利潤還要懂得算利息

　　福田負責的營業5課新商品銷售計畫順利進行著，就在此時，部長還指派他「開始籌備公司旗下新鋪貨據點計畫」。很快地，在接下來的兩個月內，他讓整個計畫進展到鎖定兩處開店地點的階段。

　　其實，福田在當上課長之前，便已開始思考開設新據點的計畫。只要自家公司擁有旗下店鋪，就會更有實力，與競爭對手一較高低。過去，七星商事即使拿出十分具有潛力的商品，也往往無法得到客戶青睞。如果當時能為了突破現狀，採取試水溫的方式設置旗下店鋪，然後確認客戶的接受度並加以整理，或許可以爭取到更多客戶。

　　過去曾一度浮現的計畫如今只差一步就能成真，但是遍尋不著合適的開店地點。在福田的構想中，有一個方案是將店面開設在車水馬龍的大街上，然而必須支出較高的開店費用。另一個方案則是預期營業額比較低，不過能藉此降低開店費用。

　　福田為兩個方案各訂出了事業計畫，但卻遲遲無法做出最後決定。究竟哪個方案才能真正為公司創造利潤？

　　這時候他再次向一路幫助自己走過來的神木課長求助，並且向他說明了自己的企畫案，希望神木課長能給予自己建議。

　　「神木課長，我設定出了開店所需的投資額和5年的投資計畫，可以請您幫我看看嗎？」

A案

建築物內部裝潢	2,000,000
保證金	1,000,000
合計	3,000,000

	第1年	第2年	第3年	第4年	第5年
銷售收入	72,000,000	72,000,000	72,000,000	72,000,000	72,000,000
銷售成本	57,600,000	57,600,000	57,600,000	57,600,000	57,600,000
銷售毛利	**14,400,000**	**14,400,000**	**14,400,000**	**14,400,000**	**14,400,000**
人事費	7,200,000	7,200,000	7,200,000	7,200,000	7,200,000
地租房租	3,000,000	3,000,000	3,000,000	3,000,000	3,000,000
折舊費用	400,000	400,000	400,000	400,000	400,000
其他管理費	3,000,000	3,000,000	3,000,000	3,000,000	3,000,000
管銷費用	**13,600,000**	**13,600,000**	**13,600,000**	**13,600,000**	**13,600,000**
淨利	**800,000**	**800,000**	**800,000**	**800,000**	**800,000**

B案

建築物內部裝潢	3,500,000
保證金	2,500,000
合計	6,000,000

	第1年	第2年	第3年	第4年	第5年
銷售收入	90,000,000	90,000,000	90,000,000	90,000,000	90,000,000
銷售成本	72,000,000	72,000,000	72,000,000	72,000,000	72,000,000
銷售毛利	18,000,000	18,000,000	18,000,000	18,000,000	18,000,000
人事費	7,200,000	7,200,000	7,200,000	7,200,000	7,200,000
地租房租	4,800,000	4,800,000	4,800,000	4,800,000	4,800,000
折舊費用	700,000	700,000	700,000	700,000	700,000
其他管理費	3,900,000	3,900,000	3,900,000	3,900,000	3,900,000
管銷費用	16,600,000	16,600,000	16,600,000	16,600,000	16,600,000
淨利	1,400,000	1,400,000	1,400,000	1,400,000	1,400,000

　　神木課長稍做思考後，才開始娓娓道出自己的意見。

　　「從企畫案來看，B案所能創造出的利潤確實比較高，但是因為投入的資金也比較多，所以也不能保證B案一定能為公司帶來較好的收益。」

　　「我也這麼覺得。因為這次的投資必須仔細考慮損益問題，所以我一直不知道該怎麼決定才好……」

　　「在進行投資的狀況下，其實有幾種評估方法可用，但是基本上就和獲利一樣，必須計算究竟要投入多少資金，而最後又能夠獲得多少利潤，並且比較每種方法的優缺點。代表性的方法像

是ROI、淨現值法、內部利潤率法等。導入各種方法進行計算，最後評估出哪種方案對自家公司最有利，應該是一般標準的做法。」

神木課長看出福田對於自己方才所提的名詞顯得一頭霧水，便繼續接著補充說明。

「ROI又稱為投資報酬率，也就是投入的資金能夠換回多少資金的比率。福田課長也知道ROA對吧？和ROA相比，ROI其實是更簡單易懂的方法。只是，如果採用這個方法，就必須一併考慮未來的時間價值。」

「時間價值……？」

「所謂的時間價值嘛……你可以從利息的概念來思考，應該會比較容易弄懂。」

神木課長拿出紙筆，一邊書寫一邊開始進行說明。

「假設可以拿到現在的100元或未來的100元，如果是你會選哪一邊？一般來說，大概都會選擇現在吧。」

「是的，只要善加運用，就能夠獲得利息，並且獲得比100元更多的利潤。」

「也就是說，你認為即使同樣是100元，現在和未來的價值也會不同。像這樣因時空不同所產生的價值就稱為時間價值。再

說得具體一點，假設能夠獲得10%的利息，一年後就能增加10元變成110元。而如果以同樣10%利息計算，把一年後的100元換算成現在的價值，大概就只剩下100÷1.1，也就是91元左右。」

「原來如此。那麼，為什麼在進行投資的狀況下，必須考慮時間價值呢？」

「那是因為投資的效果大多會延續超過一年的關係。」

「我瞭解了，因為我的計畫長達5年，如果考慮時間價值，得到的結果就會不一樣。」

「就是這麼回事。考慮時間價值的方法，就是我剛才所說的淨現值法和內部利潤率法。淨現值法是透過計算投資金額所能獲得的利潤（現金），然後再逐項加以比較。而內部利潤率法則是將時間價值列入考量，計算投資所能獲得的利息，然後比較利息的方法。光是這樣講很難說清楚，我就把這兩種方法套用在你訂定的事業計畫裡吧。」

「謝謝您的幫忙。」

01 金店面做生意肯定賺？小心隱藏成本讓你賠錢

閱讀重點→

本章節將說明訂立事業計畫，要判斷該事業（投資）能創造出多少利潤時所能依循的基本法則。

在實際判斷投資內容時，亦可能碰上不需使用接下來所要說明數值評估的狀況。例如有時候會碰上「這是穩賺不賠的物件或案件，所以當然要馬上投資」之類的狀況。

另一方面，有時也會確實地將投資案件數值化，然後再判斷進行投資的可行性。而一般上市公司或規模接近上市公司的企業，則大多會採用既定的投資標準，評估是否進行投資。

然而，無論事前再怎麼謹慎行事，投資必定會伴隨著風險，有時亦可能碰上無法獲得預期利潤的狀況。但是，比起隨意進行的投資，經過評估的投資還是比較好。這是因為評估的過程中，將會檢視該如何獲利的機制、適於投資的條件，並考慮各種可能性，因此獲利的機率也會相對較高。

在此將介紹幾種評估投資時，所需要的方法。

將損益計畫轉換成現金流量計畫

進行投資判斷時，應該以實際的利潤（現金）來評估投資利益。正如前述內容所示，即使公司有獲利，也未必表示可運用的現金有增加。因此應把損益計畫中的利潤改以現金流量的金額加以計算。

折舊費用

折舊費用在各投資年度的損益計畫中，多會視為支出的費用並使得利潤降低。

事業計畫當中的折舊費用，會和所投資資產的折舊費用相符，但即使計入折舊費用，現金減少的狀況依然會於投資時才顯示出來，因此每年於現金流量的計算當中，現金並不會減少。而在計算現金流量時，應將此折舊費用加算回去。

5－1　損益表和現金流量表中的折舊費用

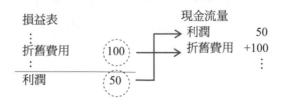

稅金

當獲得利潤時，原則上也會產生稅金。當產生稅金的同時，現金就會相對減少，因此在思考現金流量時，應將因稅金減少的金額列入考慮。

事業計畫的利潤通常都是以未考慮稅金的稅前淨利為主，因此可將其乘以稅率來計算出所需支出的稅金。將稅金列入考量利潤的現金流量如下所示。

> **利潤－（稅率×利潤）**

> **＝利潤（1－稅率）**

此稅率會使用各公司的實效稅率。目前以日本而言稅率為38%（台灣目前稅率為17%），而通常會以40%來進行簡易計算。未來當所得稅率調降時，務必要再次注意此數字的變化。

從損益計畫來計算現金流量

當要從損益計畫的利潤來計算現金流量時，會將先前提到的折舊費用和稅金以下列等式整理。

> **利潤（1－稅率）＋折舊費用**

只要帶入此等式應該就已十分足夠。而實際將事業計畫改以現金流量計畫計算時，則會如圖5－2所示。

5-2 從損益計畫來計算現金流量計畫

A案

	第1年	第2年	第3年	第4年	第5年
銷售收入	72,000,000	72,000,000	72,000,000	72,000,000	72,000,000
銷售成本	57,600,000	57,600,000	57,600,000	57,600,000	57,600,000
銷售毛利	**14,400,000**	**14,400,000**	**14,400,000**	**14,400,000**	**14,400,000**
人事費	7,200,000	7,200,000	7,200,000	7,200,000	7,200,000
地租房租	3,000,000	3,000,000	3,000,000	3,000,000	3,000,000
折舊費用	400,000	400,000	400,000	400,000	400,000
其他管理費	3,000,000	3,000,000	3,000,000	3,000,000	3,000,000
管銷費用	**13,600,000**	**13,600,000**	**13,600,000**	**13,600,000**	**13,600,000**
淨利	**800,000**	**800,000**	**800,000**	**800,000**	**800,000**

	第1年	第2年	第3年	第4年	第5年
淨利	800,000	800,000	800,000	800,000	800,000
所得稅 （淨利×40%）	320,000	320,000	320,000	320,000	320,000
稅後淨利	480,000	480,000	480,000	480,000	480,000
折舊費用	400,000	400,000	400,000	400,000	400,000
現金流量	**880,000**	**880,000**	**880,000**	**880,000**	**880,000**

B案	第1年	第2年	第3年	第4年	第5年
銷售收入	90,000,000	90,000,000	90,000,000	90,000,000	90,000,000
銷售成本	72,000,000	72,000,000	72,000,000	72,000,000	72,000,000
銷售毛利	**18,000,000**	**18,000,000**	**18,000,000**	**18,000,000**	**18,000,000**
人事費	7,200,000	7,200,000	7,200,000	7,200,000	7,200,000
地租房租	4,800,000	4,800,000	4,800,000	4,800,000	4,800,000
折舊費用	700,000	700,000	700,000	700,000	700,000
其他管理費	3,900,000	3,900,000	3,900,000	3,900,000	3,900,000
管銷費用	**16,600,000**	**16,600,000**	**16,600,000**	**16,600,000**	**16,600,000**
淨利	**1,400,000**	**1,400,000**	**1,400,000**	**1,400,000**	**1,400,000**

	第1年	第2年	第3年	第4年	第5年
淨利	1,400,000	1,400,000	1,400,000	1,400,000	1,400,000
所得稅 （淨利×40%）	560,000	560,000	560,000	560,000	560,000
稅後淨利	840,000	840,000	840,000	840,000	840,000
折舊費用	700,000	700,000	700,000	700,000	700,000
現金流量	**1,540,000**	**1,540,000**	**1,540,000**	**1,540,000**	**1,540,000**

　　本次是以5年後店鋪將暫時停止營業為前提，而伴隨店鋪停業現金將產生損失，但也會獲得和損失同額的保證金。

02 巴菲特也愛用！買股、買房的ROI分析法

閱讀重點→

本章節將使用ROI分析，說明投資額與利潤之間的關係，並

進一步瞭解「判斷是否應進行投資」的方法

計算投資所能獲得的利潤

接著要說明ROI（投資報酬率），這是用於思考在投入資金

後，將能獲得多少利潤的方法。

ROI可以用在損益計畫的利潤上，也能用於計算現金流量，

並且以現金形式來思考。ROI可以透過下列等式求得。

5－3 ROI的計算公式

$$ROI = \frac{平均利潤或平均現金流量}{投資額}$$

　　那麼，再讓我們運用此公式來實際計算案例5中兩個方案的ROI。

5－4　A案和B案的投資額與現金流量計畫

A案

建築物內部裝潢	2,000,000
保證金	1,000,000
合計	3,000,000

	第1年	第2年	第3年	第4年	第5年
淨利	800,000	800,000	800,000	800,000	800,000
所得稅（淨利×40%）	320,000	320,000	320,000	320,000	320,000
稅後淨利	480,000	480,000	480,000	480,000	480,000
折舊費用	400,000	400,000	400,000	400,000	400,000
現金流量	880,000	880,000	880,000	880,000	880,000

B案

建築物內部裝潢	3,500,000
保證金	2,500,000
合計	6,000,000

	第1年	第2年	第3年	第4年	第5年
淨利	1,400,000	1,400,000	1,400,000	1,400,000	1,400,000
所得稅（淨利×40%）	560,000	560,000	560,000	560,000	560,000
稅後淨利	840,000	840,000	840,000	840,000	840,000
折舊費用	700,000	700,000	700,000	700,000	700,000
現金流量	1,540,000	1,540,000	1,540,000	1,540,000	1,540,000

首先從投資額看起。圖5－4計入建築物內部裝潢和保證金的投資額如下。

A案 3,000,000　B 案6,000,000

接著要運用平均利潤算出ROI。平均利潤為5年內每一年稅後淨利平均所得的數值。

5－5　以A案及B案的平均利潤求得的ROI

平均利潤

$$A案 = \frac{(480,000+480,000+480,000+480,000+480,000)}{5}$$

$$= 480,000$$

$$B案 = \frac{(840,000+840,000+840,000+840,000+840,000)}{5}$$

$$= 840,000$$

ROI

$$A案 = \frac{480,000}{3,000,000} \times 100 = 16.0\%$$

$$B案 = \frac{840,000}{6,000,000} \times 100 = 14.0\%$$

運用平均利潤計算後，可看出A案的ROI較高。

接著繼續使用平均現金流量來計算ROI。平均現金流量應從開始進行投資起算，並將5年內的現金增減列入考量。

5－6　以A案及B案的平均現金流量求得的ROI

平均現金流量

$$A案 = \frac{(-3,000,000 + 880,000 + 880,000 + 880,000 + 880,000 + 880,000)}{5}$$

$$= 280,000$$

$$B案 = \frac{(-6,000,000 + 1,540,000 + 1,540,000 + 1,540,000 + 1,540,000 + 1,540,000)}{5}$$

$$= 340,000$$

ROI

$$A案 = \frac{280,000}{3,000,000} \times 100 = 9.3\%$$

$$B案 = \frac{340,000}{6,000,000} \times 100 = 5.7\%$$

運用平均現金流量計算後，同樣可看出A案的ROI較高。而當再次比較兩方案後，即可確定以A案進行投資是較佳的選擇。

03 用淨現值法評估，選出能收回利息的投資案

閱讀重點→

本章節將說明如何使用淨現值法，計算投資和所投資金額能獲得的利潤，並進一步瞭解「判斷是否投資」的方法。

所謂的「淨現值法」，是指將未來產生的現金流量換算為目前的價值，算出這筆錢與投資金額的差額，並加以比較的方法。

計算淨現值的公式如下。

5－7　淨現值公式

$$淨現值 = \frac{1年後現金流量}{1+r} + \frac{2年後現金流量}{(1+r)^2} + \cdots - 投資額$$

$$r = 折現率$$

各年度的現金流量都會除以折現率。另外，由於獲利是以複利計算，因此折現率同樣需要除以複利。

如此一來，由於該現金流量會轉變為目前的價值，而獲利率則會轉變為折現率。

折現率

所謂折現率是指公司進行投資時，對於獲利的期望值。而該數值會依公司不同而產生差異。

當按照理論計算折現率時，首先必須以資金成本作為考量的出發點。這是由於公司用於投資的資本，來自於股東所提撥的資金。而調集資金時依然會支出成本。因此公司在估算獲利時，必須讓投資所得的獲利，高於調集資金所支出的成本才行。

計算資金成本所用的方法稱為「WACC」（加權平均資金成本，Weighted Average Cost of Capital）。而WACC則可用以下公式求得。

5－8 使用WACC計算所需的資金成本

$$WACC = \frac{E}{D+E} VE + \frac{E}{D+E} (1-T) VD$$

VE＝股東權益成本
VD＝ 負債成本
　D＝ 有利息負債時價
　E＝股東權益時價
　T＝實效稅率
（1－T）VD＝（稅後負債成本）

　　此計算公式確實頗有難度。負債成本可藉由借款的平均利率求得，而股東權益成本則可用CAPM（資本資產定價模型）來計算。

　　在此將不再繼續深入說明WACC。作者本身雖然也使用該方法進行過多次計算，但收集數據總是得花上許多時間，且採計數值的方式也會令WACC產生變化，結果計算起來反而變得十分棘手。因此若要把WACC運用於實務上，恐怕多數人都會敬而遠之。

　　因此，在實務上作為折現率運用的數值還是會以該公司作為投資判斷基準的利息為主。一般而言，落在8～10%即算是較高的利息。不妨以投資100元時能收回8～9元利息作為基準來思考。

　　這次的範例中將以折扣率10％來進行試算。

　　請參照下頁的圖5－9。

　　相較於A案淨現值為＋335,893，B案則為－162,188。依淨現值法判斷，將會視A案為較佳的投資選擇。而由於投資B案會造成負值，因此可判斷該方案不適合投資。

5－9　A案和B案的淨現值

A案

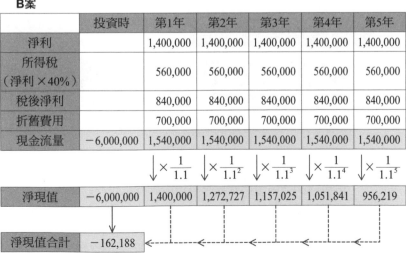

	投資時	第1年	第2年	第3年	第4年	第5年
淨利		800,000	800,000	800,000	800,000	800,000
所得稅（淨利×40%）		320,000	320,000	320,000	320,000	320,000
稅後淨利		480,000	480,000	480,000	480,000	480,000
折舊費用		400,000	400,000	400,000	400,000	400,000
現金流量	−3,000,000	880,000	880,000	880,000	880,000	880,000

$$\downarrow \times \frac{1}{1.1} \quad \downarrow \times \frac{1}{1.1^2} \quad \downarrow \times \frac{1}{1.1^3} \quad \downarrow \times \frac{1}{1.1^4} \quad \downarrow \times \frac{1}{1.1^5}$$

淨現值	−3,000,000	800,000	727,273	661,157	601,052	546,441

淨現值合計	335,893

B案

	投資時	第1年	第2年	第3年	第4年	第5年
淨利		1,400,000	1,400,000	1,400,000	1,400,000	1,400,000
所得稅（淨利×40%）		560,000	560,000	560,000	560,000	560,000
稅後淨利		840,000	840,000	840,000	840,000	840,000
折舊費用		700,000	700,000	700,000	700,000	700,000
現金流量	−6,000,000	1,540,000	1,540,000	1,540,000	1,540,000	1,540,000

$$\downarrow \times \frac{1}{1.1} \quad \downarrow \times \frac{1}{1.1^2} \quad \downarrow \times \frac{1}{1.1^3} \quad \downarrow \times \frac{1}{1.1^4} \quad \downarrow \times \frac{1}{1.1^5}$$

淨現值	−6,000,000	1,400,000	1,272,727	1,157,025	1,051,841	956,219

淨現值合計	−162,188

04 採取內部利潤率法，用Excel輕鬆試算獲利率

閱讀重點→

本章節將說明如何以內部利潤率法，透過考慮時間價值計算獲利率（r），判斷是否適合投資。

內部利潤率法是將時間價值列入考量，來計算獲利狀況，並進而比較各利潤數據的方法。

使用內部利潤率法進行計算的公式如下。

5－10　內部利潤率法的公式

$$\frac{1\text{年後的}}{1+r}現金流量 + \frac{2\text{年後的}}{(1+r)^2}現金流量 + \frac{3\text{年後的}}{(1+r)^3}現金流量 + \cdots - 投資額 = 0$$

使用內部利潤率法計算時所需的利息，可以藉由求得上述公式中的「r」來導出。也就是說，必須求得投資額，以及與未來現金流量一致的折現率。

相對於淨現值法必須確定折現率後才能計算，這個方法則是用於計算折現率本身。

作者最常使用的也是內部利潤率法。在投資上運用淨現值法，可以得知能獲得多少利潤，但決定折現率在實務上是相對困難的事，正如同前面章節所述，大約都落在8～10％左右。

內部利潤率法不需要決定折現率，因此相對而言較容易應用在實務上。

由於要手動計算「r」頗為困難，因此現在通常會採用Excel等spreadsheet，來快速求得該數字，而這個方法也經常運用在實務上，所以在此說明以電子表單進行計算的方法，以供參考。

5－11　以Excel使用內部利潤率法

	A	B	C	D	E	F	G
1		投資時	第1年	第2年	第3年	第4年	第5年
2	淨利		800,000	800,000	800,000	800,000	800,000
3	所得稅（淨利×40％）		320,000	320,000	320,000	320,000	320,000
4	稅後淨利		480,000	480,000	480,000	480,000	480,000
5	折舊費用		400,000	400,000	400,000	400,000	400,000
6	現金流量	－3,000,000	880,000	880,000	880,000	880,000	880,000
7	r	14％					
8	投資額						

　　如圖5－11所示，在現金流量的位置輸入呈現負數的投資額，並於橫向輸入每一年度的現金流量（縱向亦同）。接著再於計算出數值的欄位（圖中為B7）輸入「＝IRR（B6：G6）」，就能夠輕鬆地求得答案。

　　接著讓我們從圖5－12來檢視使用上述方式所求得A案和B案的折現率。

5－12　以內部利潤率法求得A案與B案的折現率

A案

	投資時	第1年	第2年	第3年	第4年	第5年
淨利		800,000	800,000	800,000	800,000	800,000
所得稅 （淨利×40%）		320,000	320,000	320,000	320,000	320,000
稅後淨利		480,000	480,000	480,000	480,000	480,000
折舊費用		400,000	400,000	400,000	400,000	400,000
現金流量	−3,000,000	880,000	880,000	880,000	880,000	880,000

$$-3,000,000 + \frac{880,000}{(1+r)} + \frac{880,000}{(1+r)^2} + \frac{880,000}{(1+r)^3} +$$

$$\frac{880,000}{(1+r)^4} + \frac{880,000}{(1+r)^5} = 0$$

r＝14%

B案

	投資時	第1年	第2年	第3年	第4年	第5年
淨利		1,400,000	1,400,000	1,400,000	1,400,000	1,400,000
所得稅 （淨利×40%）		560,000	560,000	560,000	560,000	560,000
稅後淨利		840,000	840,000	840,000	840,000	840,000
折舊費用		700,000	700,000	700,000	700,000	700,000
現金流量	−6,000,000	1,540,000	1,540,000	1,540,000	1,540,000	1,540,000

$$-6,000,000 + \frac{1,540,000}{(1+r)} + \frac{1,540,000}{(1+r)^2} + \frac{1,540,000}{(1+r)^3} + \frac{1,540,000}{(1+r)^4} + \frac{1,540,000}{(1+r)^5} = 0$$

$r=9\%$

　　結果A案為14％，B案則為9％。由於A案的利潤較高，因此將會成為適宜投資的方案。

　　此外，每間公司均有投資的既定標準，當該公司的標準為10％時，由於B案低於10％，所以可判斷不適合投資。

　　以上正是關於進行投資時，所需考量的內容說明。

　　實際上如案例5中，課長需進行投資的情況應該並不多見。但是，如能事先理解公司在進行投資決策時依循的標準及方法，當自己有朝一日擔任公司裡的要角時，必能發揮效果。

　　而一旦碰上需實際使用的機會，則應注意不需過度拘泥細

節。因為即使在訂定損益計畫時能夠迅速完成，但如果之後的投資過程全都照本宣科實行，反而會造成事倍功半的狀況。

為了讓所學能夠和實務接軌，應避免過度注意細節，膽大心細地加以運用即可。特別是計算折現率時，常會伴隨相當的難度，此時即可依循公司設定的投資基準來比較計算。如公司沒有另設標準時，則可以改採內部利潤率法來進行投資判斷。

POINT OF THIS CHAPTER

本章重點整理

☑ 進行投資判斷時，可以將折舊費用和稅金列入考量，並將損益計畫轉換為現金流量計畫，再透過ROI、淨現值法及內部利潤率法來判斷。

☑ 折現率是公司進行投資時的期待獲利率，在一般公司裡通常會採用固定的數值。（一般標準值多落在8～10%）

☑ 使用淨現值法可以得知，公司透過投資能獲得多少現金，但折現率的計算十分困難。實務上，以內部利潤率法比較容易實行。

第**6**章

「年度預算」
要怎樣訂定，
你跟公司才好過？

編列預算，最好訂定有點難又不太難的目標

第一次編列預算

公司又來到了編列預算的時節。

從本期開始擔任課長的福田，事實上是第一次由自己正式地編列整個部門的預算。

而他決定先從檢視部門近期的損益狀況和所有往來客戶的銷售業績著手。

「本期我們部門的預期營業額是6億，利潤則是1,300萬。這麼看來，下一期的目標至少得讓營業額提升5％才行。因此為了配合營業額，利潤目標也得設定得高一點，我想想看……就削減1％成本率，然後也慢慢削減各個項目支出來節省經費吧。」

雖然是初試啼聲，不過編列預算的過程似乎比想像中還要順利許多。原本覺得所設定目標有些太過困難的福田，如今轉念一想，或許這樣的目標更能激發部門努力達成的熱情或動力。於是

他便決定將上述的預算內容提交給營業部長。

提交預算後幾天，營業部便召開了第一次的預算會議。所謂的預算會議，是由各營業部門發表編列預算的理由，再由營業部進行彙整的會議。

對於福田而言，參加營業會議同樣是初次體驗。此時的他滿腦子都在思考該如何發表自己部門的預算內容，完全無暇聽取其他課長發表的內容。

預算會議

接著，總算輪到福田發表的時間。

「我將營業利潤設定為2,000萬元，營業額則希望比前期提升5％。另外也會比前期更加致力於削減各項經費支出。」

福田一鼓作氣地說完，同時心情也穩定了下來。於是他接著開始說明為了達成設定目標所做的準備，包括進行了往來客戶重點式前後期業績比對，以及編列預算的金額等。當他好不容易完成報告後，部長卻在這時候蹙起了眉頭。

「我明白了，把目標設定得高一點確實是件好事。不過你覺得真的能夠達成嗎？」

「當然可以。為了填補和前年度的差距，接下來我也會做各

種考量。而投入的預算則是標準值，所以我會以達成標準值為目標而努力。」

「想要提升業績當然很好，但是你已經確實想好提升業績的方法了嗎？和其他課長相比，你的報告在這方面並不完整。如果不好好考量這一點後再編列預算，之後可是會碰上大麻煩的。另外，預算雖然確實只是目標數值，但同時也應該視為達成目標的數值，所以到時候可不是道歉就能了事的喔。」

「（糟糕，我應該先想好方法才對的……）」

「還有你提到的削減經費也一樣。減少經費支出當然是好事，但是你的報告裡把部門無法管理的總公司經費都列入削減範圍內，你到底打算怎麼削減這部分經費？另外，如果要藉由擬定對策來提高銷售收入，正常來說還是會造成相對的經費支出，在削減經費的狀況下，真的還能提高營業額嗎？你把相對數字的計算想得太過簡單了。」

的確，無論是要提高營業額或是削減經費，首先都得先決定目標值，然後待預算金額確定後再思考對策，才是正確的方法。

「我知道你應該還有很多不熟悉的地方，但是關於如何達成目標業績，還有相對必須支出多少費用這部分還是不夠。把過去數字當成基準的做法並不是不好，但是即使和前年度相比有提升，就算要維持也必須有具體的根據才行。你先去參考其他課長

提出的預算資料，然後再重新編列一次部門預算。」

福田的修正預算

　　福田開始深切地自我反省。開會當時自己實在無暇顧及其他課長的報告，但如今實際看過他們提出的資料後，自己也不禁嚇了一大跳。特別是神木課長提出的資料，簡直就是無懈可擊。

　　在銷售收入部分，神木課長清楚載明了每一位往來客戶的單價和數量，並且計算出各種必要數據作為前提，包括是否能夠達成的部分都毫無遺漏地寫進了報告中。相對地，福田的資料裡卻只有針對每一位客戶的銷售收入，而所列出的根據也只有「目標提升5％」而已，也難怪部長會認為業績要比前年提升5％只是紙上談兵了。

　　自己實在把編列預算一事，想得太過簡單了。原本以為編列預算就等於要列出目標數值，所以才會只注意必須達成的目標金額，而完全忘記了思考達成該數值的根據。

　　為了於下星期提出修正過後的預算書，於是福田再次找上做出完美無缺報告的神木課長，希望向他請教關於編列預算的正確程序。

　　「神木課長，正如您在會議上看到的，我的預算計畫還是有

很多不足之處，可以請您教我如何修正嗎？」

「你下個星期就要提出修正後的預算對吧？這麼一來，真的很趕呢。聽好了，編列預算通常必須先由決定利潤著手。但實際上，最後都是由公司來決定利潤。」

「意思是說，大部分情況都是由經營者決定嗎？」

「是啊。不過我們還是應該負起責任來提出各種意見，最後再交由經營者決定。接下來則是考量損益當中的一般管理費用和銷售費用。因為當中也有部門無法控管的費用存在，所以一定要格外留意。」

「您說的是部長在會議中也提過的總公司經費吧。」

「對。這部分部門無法控管的費用，基本上只要和去年相同就行了。之後公司方面遲早會提出新的金額，可以等到那時候再來決定。我們應該思考的是部門所能管理的經費。當決定好經費和利潤後，再使用和CVP相同的做法，來決定銷售收入和毛利，這就是概略的預算編列過程。實際上還必須考量必要的銷售收入和實際銷售狀況，來調整相關經費的金額和銷售收入，如此一來，就能完成一份能夠確實達成目標利潤的預算書。」

「我原本也打算以相同方法來編列預算，但是最後的結果卻不如預期。請問我的問題到底是出在哪裡呢？」

「這是我個人的想法，我認為編列預算書是為了幫助部門

營運。也就是說，藉由達成預算目標的方式來活絡整個部門。因此，才必須擬出便於經營管理的預算內容。」

「您的意思是……」

沒有根據的預算不是預算

「簡單地說，就是不能放入毫無根據的數字。預算當中的數值都必須有所本，也就是要擁有可稱為前提的根據。舉例來說，無論試算出銷售收入必須以多少單價下賣出多少銷量才能達成，並且同時考量前期的銷售數量和單價，來試算出本期可能的變化，如果沒有明確的根據來支持這些數值，擬出的預算就會和實際的部門經營背道而馳。畢竟銷售收入和預算之間產生差距時，如果無法確實說明理由，就沒辦法研擬對策來解決了。」

「的確，如果連理由都弄不清楚，就沒辦法解決問題了。」

「只要具體思考達成目標數值的方法，就能慢慢整理出需要進行哪些相關活動，以及該活動所需要的費用。等到計算出相關費用後，再進行銷售收入的評估。透過這種方式反覆觀察費用和銷售收入的關係，就能釐清真正應該作為目標的利潤。在編列預算時解放自己的想像力，或許正是祕訣所在呢。」

「我一直以為過度考慮編列預算，這類未來的事也只是白費

工夫，比起花時間編列預算，倒不如勤跑業務還比較實際。」

「我認為編列預算是為了今後一整年的活動做準備，要打比方的話，就像是出場比賽前的練習一樣。雖然勤於練習未必就能保證比賽獲勝，但至少能夠確實地提高可能性。所以為了編列出紮實可行的預算，我都會和整個部門進行討論並逐步修正。編列預算的流程，對於部門營運可是很重要的。不過這一點就留到明天再說吧。午休時間要結束囉。」

福田一邊深切地反省自己對於編列預算的錯誤認知，一邊重新思考部門需求，並且下定決心要好好準備第二次報告。雖然神木課長最後所說「編列預算的流程」仍令他十分在意，但總而言之，今天就先好好運用自己的想像力，思考支撐每一項預算的根據吧。

01　如何逐月盯好部門「分類預算」，以免年底開天窗？

閱讀重點→

本章節將說明預算之於公司的意義，以及管理預算所需要的方法。

只要是在公司上班的人，一般而言或多或少都會受到預算的束縛。過去作者還是上班族且任職於營業部門時，每個月也都為了達成預算，而勞心費力地計算目標銷售收入及毛利。

當時雖然總是拚命地想要達成預算目標，但卻從未思考過預算代表的意義。部門應該達成的數字，其實只是一種標準值，即使在工作上未曾懈怠，但實際上最重要的目的，就是要避免在每個月的營業會議中出醜而已。

結果一直到離開業務員的工作為止，作者都還無法弄清楚預算究竟代表什麼意義。當時如果能夠早一點理解預算的意義，或許工作模式就會改變也說不定。

在此，作者希望能和各位一起再次深入探討預算的真意。

何謂預算？

經營者創立公司並使其發展成長，同時也會為了在競爭中勝出，而描繪出公司未來的藍圖及目標。

而為了實際達成目標，於是會開始思考具體的事業活動。而彙整該事業活動的內容，即稱為經營計畫，同時也稱為事業計畫。

事業計畫

公司並非由每一位職員各自獨立工作所組成，而是會細分為採購部門、製造部門、營業部門等，每一部門各有負責人，並且以各司其職的方式來維持整體運作。

然而當每個部門各自為政，隨著自己意志從事各種活動時，就不可能在競爭中勝出，要達成公司目標更是天方夜譚。

因此公司必須統整所有部門，並且訂定需由全體共同努力才能達成的事業計畫。而所謂的事業計畫，則包括銷售計畫、製造計畫、人事計畫及設備投資計畫等。

假設各項計畫均能順利達成，計入透過事業計畫所獲得的銷售收入和相關利潤計畫，即稱為「損益計畫」（亦稱為「利益計畫」），且會以損益表的格式呈現。

一般而言，3～5年的事業計畫稱為中期計畫，而超過5年的計畫，則稱為長期計畫。而從依照事業計畫擬出的損益計畫中，取出1整年內容即是所謂的預算。有時會直接將事業計畫的數值作為預算使用，有時也會取更高的數值來擬定預算內容。實際上通常以後者居多。

當然，依據公司經營方式不同，也有完全不訂定事業計畫，純粹以1整年目標作為預算內容使用的情形。

6－1　損益計畫和預算的關係

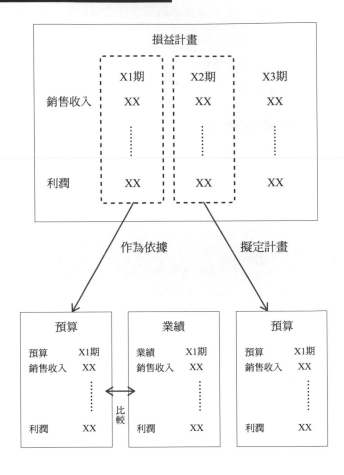

無法達成預算的狀況

各個部門會依公司整體的預算來擬定各自的預算計畫，而部門裡的每個人也會有各自必須達成的預算目標。然而一旦無法順利達成，又會發生什麼樣的狀況呢？

「如果無法達成目標會被責備」、「部門評價會因此下滑」、「會遭到減薪」，想必是每個人都會感到憂心的問題。但是必須謹記在心的是，公司的事業活動將會對公司整體產生影響。

另外，公司所設定的目標達成時間，有時會落在相對較遠的未來，也可能視狀況而被迫改變目標。例如所謂的銷售收入，即是公司進行活動所需要的主要資金。一旦無法達成銷售目標，事業計畫也會連帶受到影響而產生各種變更。如設備投資計畫被迫延後數年，或是人事計畫需減少錄用新職員等。

當然，若其他部門能夠補足某部門無法達成的部分，使全體能一如預期達成目標，自然不會有任何問題。然而一旦大多數人都抱持著「由其他人來做就行了」的想法，該公司要達成目標就會變得相對困難。

管理預算的兩項損益計畫

公司為了達成公司整體預算目標，會設定「各部門預算」及「逐月預算」兩種，並且活用於公司營運之上。

各部門預算

隨著公司的規模逐漸擴大，就會開始進行每一處事業部門或營業所的損益管理。

公司多會於一定的部門設置單位，然後依部門來設定個別損益預算，藉此來控管各部門的營運狀況。

而課長所設定的預算目標即屬於「各部門預算」。在第6章開頭的案例中，福田擬定的預算就是個人所屬部門的整體預算。課長必須比較各部門預算和實際業績，藉此進行更有效率的管理。

逐月預算

所謂的逐月預算是以每個月為單位，管理業績和預算進度所必須考慮的預算內容。

公司會為了達成一整年預算目標而進行活動，而管理進度時則會將年度預算除以月分，如此即可轉換為逐月預算。

　　以月分來整理業績，並以月為單位來比較預算和業績變化，如此即能掌握年度預算的進展狀況。如果出現落後於預算計畫的狀況，則應從下個月開始調整活動內容以求趕上進度。這就是以月為單位來控管公司活動的方法。

　　公司即使訂出全年度預算計畫，若缺少了逐月預算，最後仍會變得無法再繼續以預算來管理公司狀況。這麼一來，好不容易訂立出的預算價值，也會因此減半。

6－2 預算及各部門預算

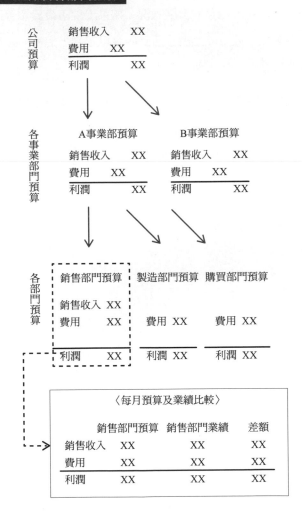

02 5個重點1張SOP，教你這樣聰明編預算

閱讀重點→

本章節將說明課長在訂定部門預算時的主要流程，以及進行各步驟所應注意的重點。

　　每個部門都會編列部門專屬的預算，並且作為逐月預算以用於部門營運上。編列預算的過程可視為公司整體預算的縮小版，並不會有太大的差異。預算編列流程如下圖所示。

6-3　編列預算之流程及損益表的關係

但是實際編列流程並不僅限於此。基本上會反覆在每個步驟之間來回，並且逐步地決定各項預算。當從必須利潤考量到銷售目標，而感受到達成目標具有相當難度時，往往就要再次檢討費用計畫，而視情況不同也可能變更利潤目標。

決定利潤

當課長編列預算時，一開始通常會先從決定利潤著手。

但是，課長雖背負著主張所屬部門的獲利責任，但大多數情況都是由高層訂出事業計畫，並決定好各部門利潤，而課長則必須將公司訂出的利潤視為標準值，並且反覆進行圖6—3的流程，讓部門利潤能夠更加接近公司整體訂出的利潤值。

順帶一提，公司高層往往會一廂情願地訂出難以達成的目標利潤，但這樣的公司卻往往才是體質健全的公司。這是因為公司考量到「必須訂下有別於目前為止的數值」，才能維持並讓事業計畫持續發展。

另外，有時還會設定超過應達成最低利潤目標的預算，如此一來，即使最後目標無法達成時，也能獲得最低限度的利潤。

無論如何，與其被動地應付公司訂出的利潤標準，不如致力於找出達成該目標的方法，才是身為一位優秀課長必備的條件。

決定費用

　　為了讓部門的活動獲得利潤，自然需要支出各種費用。在損益表中這些費用會列入銷售費用及一般管理費用當中，然而在此其實隱藏著左右部門營運的重要概念。那就是部門費用當中，包括部門所能控管的「可管理費用」，以及無法控管的「非管理費用」兩種。

　　若以人事費、宣傳費、折舊費用等為例，部門在進行交易時，將能自主決定所必要的宣傳費金額，因此該費用即屬於「可管理費用」。然而人事異動並不能單由某一部門決定，折舊費用則是公司整體進行投資所得到的結果數值，因此亦無法由單一部門管理，而這些費用則屬於「非管理費用」。

　　在此希望各位注意的是，依公司經營體制不同，有時亦可能先區分可管理費用及非管理費用，藉此進行損益管理。

　　至於為何需要先區分？理由在於部門活動即使處於正向狀態，一旦因為非管理費用增加，而導致部門無法達成既定利潤時，最終提報的數字中也無法看出該部門業績。而先區分則是為了防止此狀況所採取的方法。

　　舉例來說，圖6－4為部門可以進行管制的可管理費用，而扣除可管理費用後的利潤視為「可管理利潤」。再將該利潤扣除非管理費用後，即可得最後的實際利潤。

　　透過先行區分的方法，可看出身為課長能管理的可管理利潤為何。而明確化能夠管理和無法管理的部分，必能對部門整體的營運帶來助益。

6－4　可管理費用和非管理費用

銷售收入	××
銷售成本	××
銷售利潤	××
可管理費用	××
可管理利潤	××
非管理費用	××
利潤	××

　　部門所無法管制的非管理費用，可視為不需列入部門預算考量的費用。如與全公司直接相關的管理費（例如總公司的租金、管理部門的人事費等），均不屬於會直接發生於單一部門的費用。既然如此，這些費用是否只需交由公司負責處理呢？

　　上述的費用確實不會在各部門中產生。但是，每個部門能夠順利營運，其實都是多虧了總公司的管理部門的管理。加上該費用確實是公司所必須負擔的費用，因此如果各部門無法獲得超過費用的銷售收入，公司整體就會出現赤字。因此部門在擬定預算

時，即使是部門無法直接管理的費用，也應將其視為部門所應負擔的費用，並在此狀況下設定預算。

然而話說回來，面對這些非直接來自於部門內部，而是屬於總公司或全公司的費用，從單一部門的角度來看，又應該如何決定應負擔的金額呢？

非管理費用的配置

各部門所需的費用會依據「配置」的概念決定。然而所謂的配置其實相當麻煩，因為各部門應負擔的費用其實沒有標準可循。

舉例來說，進行配置的基準之一，是依據銷售收入來分配各部門應負擔的費用。但是這麼一來，越努力提升業績的部門將反倒必須負擔越沈重的費用。

另外像是以各部門人數來除算，或是以場所面積比例進行分配等方法，由於所配置的費用並不一定會和人數或面積成正比，因此可以說並不存在能讓所有人都能接受的配置方法。

身為課長，對於無法進行管理的費用將無法做任何動作，但若不加以管制能夠管理的費用也會造成問題。因此課長必須確實區分可管理費用和非管理費用，才能做好部門內部的損益管理。

此外，有些公司並未明確化可管理費用及非管理費用，因此

課長本身對於兩者的數據，及各自可能產生的影響必須事先進行概算，才能確實地掌握整體部門的損益狀況。

計算必要毛利

當決定好利潤和內部支出費用後，接著就會進入必須決定毛利的階段。

假設利潤為5,000萬元，而內部費用為1億元時，所需要的銷售利潤（毛利）則為1億5,000萬元。

6-5　計算必要毛利

銷售收入	？？？
銷售成本	
銷售利潤	15,000萬
費用	10,000萬
利潤	**5,000萬**

決定所需的銷售收入

若要決定毛利數字，可藉由下述公式來求得所需要的銷售收入。

銷售收入＝毛利÷毛利率

當毛利率為50%時，就能得出下列等式。

15,000萬÷50%＝30,000萬元

6－6 計算所需的銷售收入

銷售收入	30,000萬	←┐ ÷50%
銷售利潤	15,000萬	┘
費用	10,000萬	
利潤	**5,000萬**	

　另外，毛利率會依據去年狀況、部門本期方針及公司狀況來決定。接下來讓我們依照上述流程，於下一章節具體地來編列部門預算。

03 模擬實作「預算書」，重點是將目標化為具體數字

編列預算的第一步——決定利潤

前面章節中說明了預算的利潤部分多會由高層決定，但事實上，並非完全按照高層提出的數字來決定所需利潤。編列預算時，經營者往往會先確認第一線所接觸到的相關數據，然後參考該數據後再編列。

因此身為單一部門課長，首先應思考所屬部門必須創造多少利潤，然後再以部門預算的定位提出利潤數字。

決定部門預算的利潤時，常必須提出不同於前期的數字，並且再加上部門的活動方針及公司所指示的利潤要求，幾經揣摩和計算後，再提出部門所應主張的利潤值。

決定利潤為編列預算的第一步，但在算出部門利潤之前，在此將先介紹公司決定利潤並編列整體預算的方式。

多數擁有事業計畫的公司，會將過去利潤作為參考數值，然後計算出讓公司持續發展所需的利潤後，才進行預算編列。

另外，當公司所背負的借款較多時，則會以償還借款的金額

為基準來決定利潤，並且以讓業績由虧損轉為盈餘為優先考量。亦有公司會以目標的ROA或ROE等比率為思考重點。而在較小型企業當中，有時也會依據每一位職員所能創造的利潤來進行利潤考量。

決定費用（把握各項費用支出現況）

一般而言，在編列相關費用支出時，可檢視過去2～3期的狀況，藉此掌握產生各項費用的因素後，再行調整及決定。而透過這樣的方法，將能更具體地確認可管理費用，對於非管理費用所對應的金額，也能進一步掌握並列入考量。

檢視產生費用的狀況時，多會使用下圖6－7般的表格來進行對照。在此將運用此表格來掌握各項費用的產生結構。

6－7 過去三期的費用狀況

	×1期	×2期	×3期	影響
薪資津貼	23,000	24,000	25,000	薪資調整提升
獎金	5,000	5,000	5,000	定額變化
物流費	18,000	19,000	22,000	有過高趨勢 物流費比物流量增加得更多
廣告宣傳費	400	1,000	300	×2期進行特賣
促銷費	2,000	2,000	2,000	以維持現狀取代削減成本
出差交通費	3,000	4,000	3,000	×2期國外出差
雜費	550	450	500	
管理費	13,000	14,000	15,000	以共通費用進行配置
合計	64,950	69,450	72,800	

　　檢視過去變化狀況的訣竅共有兩項。第一是注意增減顯著的項目。舉例來說，如×2期的廣告宣傳費、出差交通費均有增加狀況，而釐清理由則是重點所在。

　　第二則是掌握大筆金額的變化理由。從表格中可看出薪資和物流費所支出的金額特別大。人事費的變化往往會反映出加薪狀況，也就是說，一旦薪資提高，人事費就會隨之上升。而光是觀察這一點，當進行本期預算編列時，就能得知應將加薪的幅度列入考量中。

　　此外，若過去人事費的追加金額超過實際的加薪幅度，也必須找出理由。例如發現理由來自於增加加班費支出時，就應繼續深究加班狀況變多的原因，以及該原因是否會繼續在新的預算編列期當中發生，並將加班費用列入考量。一旦發現加班增加的原因，在於工作過度集中於某些特定日子時，就必須調整並分散工作量，而調整支出費用也必須列入編列預算的考量中。

　　表格中可看出物流費也有增加的趨勢。這是由於銷售量增加而使得支出費用連帶提升。如此一來，預算也應將物流量增加的狀況列入考量。但是當物流費增加的比例大於物流量時，就應試圖找出原因並評估是否應加入預算中。

　　上述做法即是一邊和過去的狀況比較，一邊分析費用發生的原因，藉此理解並掌握部門實際狀況。如此一來，將可大致掌握

整體費用的變化狀況，並且進一步找出部門的問題所在。而接下來則必須針對該問題擬定對策並加以解決。

簡而言之，透過相互比較的方法將能掌握部門狀況，並可以把收集到的資訊，運用於編列預算金額及部門的經營管理上。

接著將實際思考，如何編列費用的相關預算。

金額較大的費用項目應區分為數量和單價來思考。舉例來說，人事費將會取決於「人數」和「薪資」，而物流費則是由「物流量」和「單價」來決定。對公司而言，銷售收入會比費用更易於控管，因此常會以「此項目的支出費用就訂為這個金額」的方式決定預算，並於之後避免支出超過已定案的費用金額。

6-8 過去三期的費用與預算

	×1期	×2期	×3期	預算	影響
薪資津貼	23,000	24,000	25,000	26,000	預估將加薪的金額
獎金	5,000	5,000	5,000	5,000	維持現狀並進行預估
物流費	18,000	19,000	22,000	22,000	物流量增加，但預估須削減成本
廣告宣傳費	400	1,000	300	300	維持現狀
促銷費	2,000	2,000	2,000	5,000	為拓展銷售範圍而預估提高預算
出差交通費	3,000	4,000	3,000	3,000	維持現狀
雜費	550	450	500	500	維持現狀
管理費	13,000	14,000	15,000	15,000	共通費用
合計	64,950	69,450	72,800	76,800	

接下來將針對圖6－8的預算金額進行說明。

人事費是在支付部門職員薪資時才會產生的費用，如果要於編列預算當期進行調薪，就要考慮前幾期的薪資水準和加薪幅度來決定預算。簡單的做法是先掌握每一人的平均人事費，然後考慮人數及加薪幅度後再決定預算金額。方才的表中並未顯示人數變更，因此只預估加薪幅度來編列預算（獎金和前期相同）。

物流費通常會和銷售量成正比，因此可使其和銷售收入產生比例關係。本次範例中，雖然物流量增加，但是卻預估將削減物流費並維持現狀。這是因為公司將削減物流費作為前提，才會依據公司的削減金額指示來編列預算。

促銷費則是以拓展銷售規模為前提，因此預期支出將會增加。

廣告宣傳費、旅支交通費、雜費等並沒有特別的預估狀況。雖然部門活動將會增加，但在此則是先行設定預算金額，控管各種費用並致力於節約，因此才會採取維持現狀的方針。

管理費和共通費通常為公司配置的費用，因此可先設定為和前年相同的金額。由於這些費用並非部門所能管理，因此在研擬預算的階段，只能先接受公司指示。

暫定數值與調整預算

至此雖已求得了利潤和相關費用，但這些其實只能算是暫定數值。舉例來說，之後可能因為銷售計畫和計算後的利潤，而必須調整費用。

因此暫定數值必須經過反覆精算，才能訂出最後的預算金額，並且具體地思考該如何達成預算目標。

決定銷售收入和銷售利潤（瞭解過去和現狀）

先前提過當決定好費用和利潤後，銷售毛利也會隨之決定。但是，現實中毛利將會和銷售收入呈現等比的狀態。也就是說，實際上毛利額會受到銷售計畫的影響。因此在預估毛利時，通常會連同銷售計畫一併考慮。

首先，我們從掌握銷售收入和毛利的現狀著手。一開始需掌握每一位客戶的銷售收入、毛利、各種商品的銷售收入及毛利的現況，此時可參考下頁的圖6－9。至於數據則可取用過去2～3期的銷售收入、毛利等實際數值。

當檢視實績的變化及趨勢時，也必須重點式掌握客戶和商品的狀況。由於難以針對所有客戶和商品個別訂定詳細的計畫，因此會以重點式做法選擇需優先評估的對象。挑選基準則是包括銷售收入、利潤及銷售收入是否有提升的空間等。

光只是檢視數字，並且確認自己所掌握的狀況和實際狀況是否一致，就能夠對編列預算及銷售活動帶來很大的助益。

接著讓我們從下表中來檢視部門應思考的方向。

6-9 過去三期客戶及商品的個別分析

客戶

排序	×1期				×2期				×3期			
	公司名稱	銷售收入	毛利	毛利率	公司名稱	銷售收入	毛利	毛利率	公司名稱	銷售收入	毛利	毛利率
1	A社	147,000	21,168	14.4%	A社	145,000	20,735	14.3%	A社	150,000	21,000	14.0%
2	B社	140,000	21,000	15.0%	B社	150,000	23,250	15.5%	B社	130,000	20,800	16.0%
3	C社	100,000	14,120	14.1%	C社	100,000	14,100	14.1%	C社	100,000	14,200	14.2%
4	D社	70,000	9,310	13.3%	D社	70,000	9,030	12.9%	D社	60,000	7,200	12.0%
5	E社	49,000	7,252	14.8%	E社	50,000	7,350	14.7%	E社	50,000	7,100	14.2%
6	F社	20,000	5,000	25.0%	F社	30,000	7,500	25.0%	F社	45,000	11,250	25.0%
⋮	⋮	⋮	⋮	⋮		⋮	⋮	⋮		⋮	⋮	⋮
合計		606,000	96,450	15.9%		620,000	99,965	16.1%		607,000	96,000	15.8%

商品

排序	×1期				×2期				×3期			
	商品名稱	銷售收入	毛利	毛利率	商品名稱	銷售收入	毛利	毛利率	商品名稱	銷售收入	毛利	毛利率
1	a商品	××	××	××	a商品	××	××	××	a商品	××	××	××
2	b商品	××	××	××	b商品	××	××	××	b商品	××	××	××
3	c商品	××	××	××	c商品	××	××	××	c商品	××	××	××
4	d商品	××	××	××	d商品	××	××	××	d商品	××	××	××
⋮		⋮	⋮	⋮		⋮	⋮	⋮		⋮	⋮	⋮
合計												

數值的檢視訣竅為「整體」及「細項」。所謂的「整體」是指以合計數據來檢視該表的內容。×3期可看出銷售收入有下滑的趨勢。而比較過×2期和×1期後，可發現×2期較為特別。如此一來，即可看出銷售收入並無太大變化，而毛利和毛利率也同樣變動不大。

整體來看，則可看出部門的銷售收入並無顯著變化。但是一旦增減狀況明顯時，就必須調查其原因並進行調整，藉此令預算編列和部門營運更加順利，做法則和處理費用相同。

進行「整體」檢視後雖看不出明顯變化，但如改用「細項」檢視方法，則又可看出不同之處。為了更加仔細地確認，應先將客戶的數據羅列於表格中，如表6－9中則是重點式地挑選出6家公司進行檢視。

　　A社的銷售收入最高。其銷售收入和×2期比較後雖有增加，但毛利率卻有下滑的趨勢。而課長按理說應該多少已掌握了理由。當自己所思考的狀況和數字動向不一致時，就應該再次確認發生變化的理由並認清現況。

　　A社的銷售收入雖有增加，但毛利率下滑這一點需要格外注意，並且在確認過理由後，將變動反映於預算及銷售活動上。

　　由於毛利率下滑的關係，因此以保有目前的毛利率為考量策略應該較為適當。而當瞭解毛利率降低的原因後，則可開始擬定解決問題的對策。

　　接著繼續檢視第二名之後的公司。B社的銷售收入雖有減少，但毛利則處於上升的狀態。然而由於毛利本身亦有減少，因此整體變動趨勢並不樂觀。此時則應調查發生此現象的原因。

　　C社和E社的銷售收入和毛利都維持穩定。如此即可判斷其交易狀況及條件和先前相較並無任何變化。

　　D社雖然交易狀況穩健，但毛利率仍有下滑的趨勢。此時則需要一邊探究該公司毛利率下滑的因素，一邊將解決該問題的方法反映於預算編列之中。

　　F社的銷售收入則有增加趨勢，且毛利率也始終維持高檔。照這樣下去，此公司仍會是自家公司重要的往來對象。但是毛利

率高的狀況也可能引來其他公司覬覦，因此必須持續注意該公司狀況。

以上即是重點式地針對往來客戶及商品，分別進行調查的做法。

在此不厭其煩地再次提醒各位，充分運用數值提供的資訊來掌握部門狀況，能對編列預算及部門營運帶來相當大的幫助。

決定銷售收入和毛利率的暫定值

指決定銷售收入和毛利率的暫定數值。檢視過去的狀況並且進行評估後所得的數值即可作為暫定值。

6-10　依個別客戶編列預算（暫定值）

客戶

排序	×1期				×2期				×3期				預算			
	公司名稱	銷售收入	毛利	毛利率	公司名稱	銷售收入	毛利	毛利率	公司名稱	銷售收入	毛利	毛利率	公司名稱	銷售收入	毛利	毛利率
1	A社	147,000	21,168	14.4%	A社	145,000	20,735	14.3%	A社	150,000	21,000	14.0%	A社	155,000	21,700	14.0%
2	B社	140,000	21,000	15.0%	B社	150,000	23,250	15.5%	B社	130,000	20,800	16.0%	B社	120,000	21,000	17.5%
3	C社	100,000	14,120	14.1%	C社	100,000	14,100	14.1%	C社	100,000	14,200	14.2%	C社	100,000	14,200	14.2%
4	D社	70,000	9,310	13.3%	D社	70,000	9,030	12.9%	D社	60,000	7,200	12.0%	D社	60,000	7,200	12.0%
5	E社	49,000	7,252	14.8%	E社	50,000	7,350	14.7%	E社	50,000	7,100	14.2%	E社	50,000	7,100	14.2%
6	F社	20,000	5,000	25.0%	F社	30,000	7,500	25.0%	F社	45,000	11,250	25.0%	F社	60,000	15,000	25.0%
⋮	⋮	⋮	⋮	⋮	⋮	⋮	⋮	⋮	⋮	⋮	⋮	⋮	⋮	⋮	⋮	⋮
合計		606,000	96,450	15.9%		620,000	99,965	16.1%		607,000	96,000	15.8%		617,000	97,200	15.8%

　　為了提升A社的銷售收入，必須找出數字作為根據，以決定如何進行業務活動。此外，由於A公司的銷售收入有下滑趨勢，因此也必須擬定有根據的解決對策。

　　B社的銷售收入同樣有下滑趨勢。分析其理由後如確定是因為客戶需求減少所造成，即可判斷該狀況並非己方所能因應，因此便可依據較低的銷售收入來編列預算。

C、D、E社均是以維持現狀的基準來編列預算，但當發現其銷售收入開始出現下滑狀況時，就應在維持現狀的對策中加入數據，以作為減少預算的依據。

而F公司由於銷售收入處於上升階段，因此會依照其增加趨勢來進行預算編列。加上該公司的毛利率幾乎沒有變動，所以可直接採計原本的數據。如果該公司因為競爭公司的影響，而導致必須壓低單價時，就可能會反映在毛利率下滑的狀態中。

以上即是從過去數值，編列銷售收入及毛利預算的範例。重點式地挑選出顧客及商品，並且檢視數量及單價之間的關係來設定預算，正是此範例所要提示的重點。

銷售收入為「數量×單價」之合計值，因此編列預算時也會從數量和單價來決定。而數量和單價的關係則會因銷售收入的對象不同而產生差異。如下述即是一例。

- 來店客數×購入率×客單價
- 商品單價×市場規模×市佔率
- 設備產能×設備數量×運作量（天數）

以上述內容預測包含數量和單價的因應對策，並且追加採取該方針的根據，就能讓編列出的預算更具可信度，並且能實際地在部門經營管理中派上用場。

補足目標和暫定值的差額

此銷售收入及毛利率的暫定值，都必須經常性地配合公司所要求的數值並進行修正。

暫定值如能直接運用於預算中，當然是最省事的狀況，但一般而言，公司所要求的數值都會高於暫定值。當修正後的預算數值定案後，即會開始訂定為達成該數值的策略及行動計畫。

檢視逐月預算

定案後的預算將會逐月進行審查。首先掌握過去月分的變動趨勢後，再除以月分以求出單月分的預算。

當遇上季節變動時，也必須將該變動列入考量中並加以反映。此外，如碰上需要擴大銷售範圍等時期時，也應預估預算變動後，以逐月方式列出。

6－11 透過逐月預算來檢視總預算

			4月		5月		6月			3月	
			目標	實績	目標	實績	目標	實績		目標	實績
A社	155,000	當月	12,900		12,900		12,900			12,900	
		累計			25,800		12,900			155,000	
B社	120,000	當月									
		累計									
C社	100,000	當月									
		累計							...		
D社	60,000	當月									
		累計									
E社	50,000	當月									
		累計									
F社	60,000	當月									
		累計									
⋮	⋮										
銷售收入	617,000	當月									
		累計									
銷售毛利	97,200	當月									
		累計									
薪資津貼	26,000	當月									
		累計									
獎金	5,000	當月									
		累計							...		
物流費	22,000	當月									
		累計									
廣告宣傳費	300	當月									
		累計									
促銷費	5,000	當月									
		累計									
出差交通費	3,000	當月							...		
		累計									
雜費	500	當月									
		累計									
管理費	15,000	當月									
		累計									
合計	76,800	當月									
		累計									
利潤	20,400	當月									
		累計									

POINT OF THIS CHAPTER

本章重點整理

☑ 編列預算並非只是統整需達成的目標金額,而是設定部門共同的目標,並且為了達成目標將過程數字化的做法。

☑ 編列預算的流程為總利潤→費用→銷售毛利→銷售收入,並反覆往返此流程來決定最後的預算金額。

☑ 編列預算時回顧過去的數值,是為了把握部門現況,同時也是必經的流程之一。將把握的狀況反映於預算中,更是相當重要的動作。

☑ 預算金額依循的根據,為部門應採行的對策。當根據越具體時,就能對部門營運帶來越實際的幫助。

第**7**章

用PDCA執行目標，淨利必能達成120%！

編預算要考慮實際執行的可能性，才不會紙上談兵

無法達成的預算目標

今天將參加部門營業會議的福田內心依舊忐忑不安。進入新年度至今已經過了半年，但業績卻完全無法達到當初的預算金額。

部門成員的報告和平時沒什麼差異，全都是無法達成預算目標的理由。例如「客戶需求下降」、「競爭公司採取低價策略導致售價下跌」等。雖然大家都刻意不在福田面前提起，但福田卻早知道眾人都在私底下討論著：「要達成這樣的預算目標，簡直是不可能的事。」

「森田，天道蟲市場公司的需求確實有下降趨勢，可是那應該是在編列預算前就已經知道的事。而既然決定了預算目標，就應該專注地朝目標努力才對。如果天道蟲市場公司沒有需求，就要去拜託其他客戶填補其不足，總之必須要設法達成預算目標才行。」

　　福田雖然會向部門裡其他成員，詢問無法達成目標的理由，並且逐一指示，但大家卻總是不斷找藉口搪塞，而不願意達成福田的要求。如果換成自己，一定會滿懷鬥志地去跑業務。即使一開始可能會吃上客戶的閉門羹，但只要堅持到底並且謹守承諾，最後必定能夠贏得客戶的信任。過去曾身為業務員的福田，正是靠著貫徹這樣的原則，獲得了許多客戶的信任。

　　但是，即使秉持著自身經驗，告訴部屬「只要努力就辦得到」，大家依然只是用一副有氣無力的模樣應著聲。雖然福田也曾考慮過親自上陣示範，但又顧慮到這麼一來，會變成上司搶走部屬的工作而猶豫不決。

　　為什麼部屬總是不願意按照自己的指示行動？是因為自己的指示太難理解了嗎？還是說必須要更強硬地命令部屬？為此福田始終煩惱不已。

提不起勁的下屬

　　某一天，福田碰巧聽見走在前面的部屬森田和田口的對話。

　　「每天不是預算就是利潤，聽得我都快煩死了。雖然我不是不能瞭解年紀輕輕當上課長會特別有幹勁，但是我們又不是專門在為課長工作。」

「對啊。因為實際業績趕不上預算目標，所以就一直叫我們要加油，但是我反而越聽越提不起勁耶。」

「而且他的建議也和實際狀況有落差，乾脆叫他自己來做好了。在第一線跑業務可是很累人的耶，而且每天都得加班趕報告，簡直快要累死人了。如果狀況再沒有改善，乾脆直接去向部長報告，請他把我們調到其他部門好了。我想神木課長那裡應該不錯，因為那個部門的人，看起來都過得挺開心的。」

聽著兩人對話的福田不禁怒從中來。他甚至覺得，如果真的這麼厭惡待在這個部門，還不如乾脆快點調走。

反正距離業績結算還有半年的時間，如果全部交給自己負責，一定能拉高銷售收入。不過光憑自己一個人，要達成整個部門的預算目標，應該還是不太可能。如此一來，既無法達成目標，整個部門也死氣沈沈，加上這麼下去也挽不回部門同仁的信賴，此刻的福田正承受著包括預算目標在內的龐大壓力。

就在福田深陷煩惱中時，神木課長主動來關心他。

「怎麼了？工作不順利嗎？」

於是福田便將部門同仁不願按照自己指示行動，以及達成預算目標的壓力日增，還有部門氣氛不佳等煩惱說了出來。而神木課長則提議共進午餐，並好好地深談一番。

「聽起來你好像面對很多麻煩的樣子。不過，我想問題應該

是出在預算制度的運用方法上。」

「預算運用也有所謂的方法嗎？」

「當然有啊。啊，這麼一說我才想到，先前因為時間不夠，所以我並沒有教你預算的編列方法……。抱歉，你現在有時間嗎？我們繼續把上次沒講完的內容討論完吧？」

「當然有！麻煩您了！」

躲著我的部屬

「其實我過去也曾經遇過和你一樣的狀況，當時我讀了很多的書，也去請教過父親。對了，你在編列預算時，像是擬定金額計畫和內容等是由誰決定的？你有和部屬確實討論過嗎？」

「這一次因為預算內容必須重擬，時間不是很充裕，所以其實我只有請負責人重擬內容，然後再由我彙整而已。我並沒有和其他部屬討論過。」

「這樣啊。那麼你有針對執行預算內容訂定具體的行動計畫嗎？」

「行動計畫？是指為了達成預算內容的具體行動計畫嗎？其實我並沒有訂出這麼詳細的部分。不過我當然還是有指示負責人必須考慮各種情況，但是因為時間實在不夠，所以我當時打算進

入計畫期之後再想。」

「你的意思是現在已經想好了嗎？」

「應該算是想好了吧……，因為每個階段都有負責人專職處理……」

「嗯，那麼你的預算管理是怎麼做的呢？」

「我是用一般的方法。就是按月或按週比較預算數值和實際業績數值，如果沒有達成預算目標，我就會另外指示部屬多加努力，或是詢問他們沒有達成預期目標的理由。如果問題出在做法上，我就會再給予具體的指示。特別是預算進度落後時，就會針對客戶進行重點管理，然後幾乎每天都會提醒負責人注意狀況變化。」

「那麼效果如何？有做出成績嗎？」

「就如神木課長所看到的，我越是催促部屬努力達成預算目標，狀況就越糟糕，說完全沒有效果也不為過。而且最近部屬們都很明顯在躲著我，無論我說什麼，大家的反應都變得很慢。就算我還是一直鼓勵他們要努力趕上下個月的預算目標，但是每個人都還是一副充耳不聞的樣子。」

「聽起來真是糟糕呢。不過話說回來，福田課長，你有想過無法達成預算目標的原因嗎？」

「我想應該是負責人努力不足，還有身為課長的我領導得不好。」

「你的意思是你覺得努力不足，所以才會一直鼓勵他們的嗎……？」

「是啊，我確實是這麼想。如果什麼都不說，我覺得業績一定會離預算目標越來越遠。」

「不如換個想法吧。假設福田課長和你的部屬立場對調，狀況會變得如何？」

「這個嘛……，我這麼說聽起來或許像是在自誇，不過從前我還在擔任業務的時候，都能夠達成上司交代的預算目標，所以幾乎沒有被責罵過。」

「原來如此，你以前是個很優秀的業務員。最近工作一樣也能樂在其中嗎？」

「其實我做得不是很快樂。因為既沒辦法達成預算目標，又有種被排擠的感覺，讓我越來越討厭每個月的營業會議，可是我卻不知道該怎麼突破現狀……」

計畫不足的預算

「我在想福田課長和部門的同仁，會不會其實都有一樣的

想法？雖然聽見課長一直強調銷售收入，也收到了許多個別的指示，但是因為指示內容不夠具體明確，才會讓他們漸漸失去工作的熱情。」

「咦？可是我沒有那個意思啊……」

「抱歉，是我說得太過火了。不過，你不覺得部門同仁好像被逼進了一種不知所措的狀況裡嗎？在這種狀況下，如果沒有發生奇蹟，要達成預算目標幾乎不可能。」

福田非常認同神木課長的分析。

「我想是因為自己太早當上課長的關係。碰上這種情況，我完全不知道身為領導者應該做些什麼才好。」

「唉唷，別那麼悲觀嘛。我剛才也說過，大家其實都是一樣的。反過來想，因為有很多需要改正的地方，只要修正過來，不就等於有很大的可能性了嗎？」

「可是我覺得狀況沒有那麼單純耶……」

「我們開始進入正題吧。概括地說，我覺得你的問題出在計畫性不足、溝通不良，還有預算的運用上。」

「嗚哇……，那不就是全部都不行嗎……」

「我先從計畫性不足這一點來說吧。一開始你被部長指正，所以才會變更預算。而你重新調整執行方針並將內容數值化的做

法很正確，但我認為還是有不夠完善的部分。」

「您是說先前還沒告訴我的部分嗎？」

「對！簡單來說就是計畫不夠完整。編列預算必須連具體的行動計畫都在事前完成。雖然會花上不少時間，但只要在這一點上多下工夫，最後獲得成果的可能性就會相對提高。因為這麼一來，進度管理就會變得輕鬆不少，遇上狀況時也比較容易採取因應對策。所以不只是預算金額，行動計畫是否確實完成，也是相當重要的部分。」

「我確實沒有想得這麼周到。」

「我覺得會沒有想到，是因為你和同仁溝通不夠的關係。基本上你都是單方面指示部屬去做，這麼一來，或許可以在短時間內完成，但是卻完全沒有溝通的時間。」

「是啊……，請問我應該怎麼調整才好？」

和負責人一起思考

「你應該和負責人一邊討論行動計畫，一邊推進預算目標的進度。這麼做一定會花上不少時間，但是唯有這麼做，才能夠和整個部門資訊共有，負責人也才能聽得進你的建議，並且提起幹勁工作。福田課長是個很有創意的人，照理說應該很擅長建議

和指示。為了達成預算目標應該怎麼做，你可以和負責人一起思考，同時使用會計的模擬試算來推進計畫。例如向某一位客戶提案，同時告知對方這樣的內容能夠創造多少利潤，或是指示部屬為收集客戶資訊而提高拜訪次數，等到獲得客戶信任後再指示……，這麼做不是會輕鬆許多嗎？」

「說得也是，我確實沒有和負責的部屬好好溝通過呢……」

「你連確認每月進度的時候，也沒溝通吧？你看見沒有達成預算時就罵人，結果對方也只能說對不起。結果你和部屬的溝通就變成了一罵一答了。」

神木課長指出的問題一再命中福田的要害。然而當福田還來不及喘口氣時，神木課長猛烈的批判砲火又再次射了過來。

「我想你的預算和業績分析應該也很不完整吧？因為整體計畫模糊不清，結果只能落得達不到預算目標和努力不足的下場。再這樣下去，你和你的部屬都沒辦法往前進。你已經確實分析過無法達成目標的理由了嗎？」

「不，我只有聆聽部屬解釋無法達成目標的理由而已……」

「最後我想提醒你，我認為最重要的是檢視整個計畫的結構。如果連這一點都還沒確認，當然無從判斷，最後就會導致福田課長只能在個別碰上狀況時，才向部屬提出建議，而你也無法瞭解各項預算負責人所採取的活動方針，所以才會得不到部屬信

賴。為了解決這樣的狀況，就必須於事前訂定行動計畫。如果沒有實踐訂出的計畫，倒還可以視為努力不足，但是如果已經實踐了計畫，卻還是無法獲得成果，我想理由應該八九不離十才對。」

神木課長的每一句話都令福田捶胸頓足。身為課長的自己，竟然如此一無所知。

樂在其中的工作

「神木課長，您還有什麼要指正我的嗎？」

「雖然你口中一直在提預算的事，但不妨想想如果換成有人成天在旁邊這樣催促自己，一定也會有不舒服的感覺。我認為工作必須要能夠樂在其中，並且發自內心地願意去做，如此才能換得真正的成果。如果是你自己想到的企畫案，一定會想要去做做看。可是，如果只能照著他人的意見做，你又會作何感想？當然，公司決定的事不能不做，但重要的是必須避免讓部門同仁有受到強迫的感覺，並且由部門同仁自行思考，提出計畫並加以實踐，然後再由他們來管理自己訂出的預算。」

「現在是由我以預算在管理整個部門，正好和神木課長說的狀況相反呢。」

「是啊。目前福田課長採取的方式是由課長下命令，然後把部門同仁當成自己的手腳支使，藉此來達成預算目標。但是最理想的方式，其實是由部門同仁自己思考能夠靠自己達成的預算目標，並且訂定計畫加以實踐。而課長則是當他們碰上困難時再加以支援，共同為達成預算目標努力就行了。」

課長是支援的角色

「我能夠扮演好支援的角色嗎？」

「以上並不是我個人獨創的內容，而是所謂的『PDCA 循環』。在管理預算時，沒有比這個更好的方法了。只要你願意修正自己不足的部分，狀況一定會變得更好。當然，即使開始進行 PDCA 循環，也不表示就能立刻達成預算目標。但是隨著時間經過，當 PDCA 循環確實擴及同仁及整個部門時，達成目標的機率也會跟著上升。聽起來有些老王賣瓜，但我的部門確實都是這樣陸續達成各項預算目標。我本身並不像福田課長，是個優秀的業務員，但還是能扮演好支援部門同仁的角色。」

「原來如此，所以我也得扮演支援的角色囉……」

「畢竟能夠達成目標才是最重要的事。要達成最終預算目標，的確得花上不少時間，但在過程中逐一達成較小的行動目

標，也是很快樂的事，而且同時也能帶起工作幹勁。另外，要形成PDCA循環，也必須用上會計。會計既能用於模擬試算上，對於狀況分析也有幫助。除了實際的金額之外，只要將行動過程數值化，即使是較小的目標，也能帶來達標後的成就感。這就是善加運用數字的好處之一。」

福田有種好像瞭解神木課長為何如此擅於經營管理了。因為如果換成自己來做，絕對不會選擇先進行經營管理，而會先指示部屬按照自己的想法行動。

但是，從現在開始也還為時不晚。福田於是下定決心，先從擬定行動計畫著手，確實地加強和部門同仁的溝通，並且將計畫視為整個部門必須共同達成的目標來努力。

01 用PDCA製作預算，循環運作成習慣

閱讀重點→

本章節將說明，於管理預算上效果顯著的PDCA和會計兩種
方法的組合管理技巧。

在本章中將說明實際工作上的基礎技巧，同時也是經營管理
手法之一的「PDCA循環」。或許已有許多讀者相當熟悉PDCA，
但作者仍希望再次強調其和會計之間不可切割的緊密關連性。

將會計知識活用於經營管理上，能正確測定數字，並且確實
掌握各種狀況。但是，必須留意的重點在於隨著數字的使用方式
不同，將可能使得團隊士氣產生起伏。接下來將一併說明PDCA
對此段敘述的影響。

PDCA是取PLAN（計畫），DO（實行），CHECK（確認、
驗證），ACT（改善、改良）等四個英文單字首字母所組成的略
稱。簡單地說，就是在工作或經營上訂定計畫，並且執行計畫並
確認進度，如發現問題時則需另外擬定改善計畫，並且再次實踐
計畫的流程。

7-1　PDCA

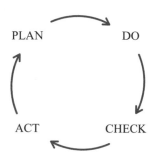

只要依照【計畫→實行→驗證→改善】的流程思考，就能發現PDCA的內容並不會太困難，甚至會覺得依照該流程進行其實理所當然。雖然程度上有差異，但各位在平日的生活及工作上應該都會實踐PDCA流程才對。

舉例來說，當前往旅行時，大多數的人都會在事前訂定旅行計畫，並且確定各個目的地的移動時間及交通方式，然後才出發踏上旅程。這樣的過程同樣可視為PDCA的活用實例。

在實際的工作場合中，同樣必須決定每週和每日的工作內容，當發生問題時，則會重新檢視既定行程並調整工作內容。這同樣也屬於PDCA的運用範疇。

PDCA就是如此親民而易懂的工具。但是若要將其運用於經營管理上，則必須多加注意某些不同於平時的變化。

舉例來說，前一章已說明了關於訂立預算的相關內容，但作者認為所謂的預算制度及訂定目標，也算是PDCA的一種。

編列預算的過程可視為P（計畫），執行預算的過程為D（實行），而按月確認業績進度為C（驗證），最後依循進度檢視並修正則為A（改善）。

為了達成公司整體的預算目標，會以每個部門為單位來訂立各自的預算。各部門則會為達成各自目標，而進行經營管理，每個部門的成員也會依照能夠達成預算的PDCA進行活動。且每位成員的個別工作中，也會依循著PDCA進行（圖7－2）。

7－2 公司組織之PDCA

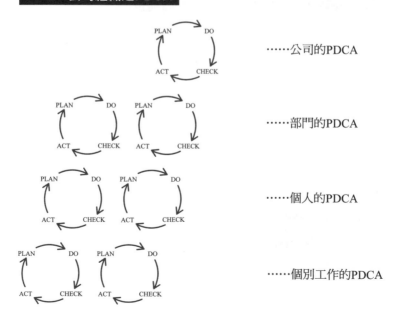

……公司的PDCA

……部門的PDCA

……個人的PDCA

……個別工作的PDCA

　　要達成預算目標，即等於藉由PDCA循環來達成目標數值之意。但是，正如本章開頭案例7所述，一旦PDCA循環發生錯誤，反而會造成達成預算目標的阻力。

　　此外，PDCA並非是擁有即效性的工具。因此即使運用PDCA循環，公司或部門的業績也不會立即好轉。然而，當作者被問到「該如何才能讓公司營運更上軌道」時，依然會毫不猶豫地回答：「只要讓PDCA在公司裡循環就行了。更明確地說，就是讓員工能夠固定進行PDCA循環，如此就能夠維持公司中長期發展。當PDCA循環穩定，即使不用特別提醒，PDCA也會自然地在公司裡循環。」

　　所謂的PDCA是一種不需特別學習，每個人都能辦得到的手法。即使並非能力出眾的經營者或領導者，也能藉由不懈的努力來達成PDCA循環。

　　方才提過預算制度亦屬於PDCA的一種。許多公司即使對於預算制度多有批判，但依然會將其導入公司裡並加以運用。由此可知，其確實是一種能夠透過持續努力來達成的方法。

　　從下一個章節起，將實際說明運用PDCA來讓預算制度順暢循環的方法。

<table>
<tr><td>**02**</td><td>**Plan ▶ 把執行方法具體化，設定任務目標**</td></tr>
</table>

閱讀重點→

本章節將說明為了達成目標預算，進行PDCA當中P（計畫）所需要設定目標的基本流程。

設定部門目標

首先將從PDCA當中的P（計畫）開始說明。為了達成目標或目的，我們究竟應該做些什麼才好？答案正是「堅持到目標或目的達成為止」。聽起來雖然理所當然，但作者依然認為這是千古不變的正確答案。

然而話雖如此，要堅持到達成為止仍是相當困難的事。因此在達成目標或目的之前，實行PDCA就成了相當重要的關鍵。

將主題拉回P上。先來看訂定計畫過程中所需注意的要點。以下為訂定計畫時的一般流程。

① **把握實際狀況**

② **設定部門目標**

③ **設定行動目標**

① 把握實際狀況

首先應從瞭解現況著手。如同前一章說明的，善加運用會計將可幫助掌握現況。例如藉此將可掌握銷售收入、支出費用、銷售數量、庫存數量、數值變化及產生變化的原因等。

為了找出產生變化的原因，必須向部門同仁、公司成員收集資訊，有時甚至還得去詢問公司之外的客戶相關內容。

舉例來說，費用當中發生人事費因薪資上升而較去年高的狀況，進行調查後發現，薪資會上升其實是因為加班費支出增加的關係。而再繼續深入調查，則可發現加班費增加，是因為加班時間拉長。當詢問員工為何必須加班時，才發現當中只有一個人加班時間特別長。而該名員工為何非得加班工作呢……就像這樣反覆地推敲思考，藉以瞭解真正的實際狀況。當產生「為什麼」的疑問時，就應該深入去探索其原因。

在前一章中曾提過需藉由數字來掌握現狀，但除了確認數字外，也必須和部門成員溝通以確定實際狀況。另外，記住會計用語和其定義也相當重要，因此請務必同時三管齊下地進行。

此外，回顧並檢視前期數據也是不可或缺的動作。當編列預算和訂定計畫碰上窒礙難行的狀況時，就應回顧過去並加以比較，藉以找出當前為何無法順利進行的原因。

一旦省略此步驟，將可能導致相同的失敗再次發生。因為

遺漏回顧檢視過去而使得每年行動方針如出一轍，最後導致失敗的例子時有所聞。因此為了避免重蹈覆轍，當發現進展不如想像順利時，就應停下腳步檢視前期狀況，藉以訂定改善問題點的計畫。

而即使整體計畫進行得十分順利，也要不忘回顧檢視過去的數據。如此一來，即可理解過去成功的理由，並且進一步提升再次重現先前榮景的機率。

② 設定部門目標

預算制度會要求部門達成預算目標業績，然而部門必須共同面對的挑戰並不只有預算。

為了達成預算目標，部門的整合同樣會受到考驗。為了提高部門的整合能力，也必須關注預算目標以外的事項。以下即為部門可作為參考的目標項目。

- 達成預算目標
- 成為高水平的經營團隊
- 建構和客戶之間的信賴關係
- 創造能夠樂在其中的工作職場

當思考部門應作為目標的內容時，可先確認公司理念、部門角色，並在確實掌握現況後，再思索為了達成該理念及任務所應

實踐的行動。如此一來，預算以外的目標也能藉由依循預算制度來思考，並提高達成機率。

　　接下來要決定的是在設定部門目標時的重要依據，也就是必須以部門進行數據計算及設定。

　　以上述所舉的目標而言，將可設定出如圖7－3般的達成標準細項。

7－3　達成目標的基準

部門目標	目標項目
達成預算	1.銷售收入○○千元 2.利潤○○千元 3.銷售數量○○個 4.開發新商品○○件
成為高水平的經營團隊	1.商談次數○○次／月 2.事務處理能力○○時間以內／日 3.客戶應對於○小時內 4.提案件數○件以上／月
建構和客戶之間的信賴關係	1.客訴○○件以下／月 2.每月拜訪客戶次數○○次／月 3.帶客戶訪問自家公司○○次／年
創造能夠樂在其中的工作職場	1.每天一次以上向部門其他同仁表示感謝 2.確實打招呼問候 3.上班前進行整理整頓 4.每週舉行一次全員參加型的會議

方才提及計算數據的重要性，但是也需注意不可將無法測定的事項列為目標。如果過度注意計算數據，而將無法測定的項目視為目標，將會造成本末倒置的狀況，因此不可不慎。

接下來的例子即是屬於難以測定的目標內容（圖7－4）。

7－4　難以測定的目標設定

成為高水平的經營團隊	1.精通客戶的業界知識 2.擁有完美無缺的作業流程
建構和客戶之間的信賴關係	1.接受客戶個別諮詢 2.整理客戶帳務資料
創造能夠樂在其中的工作職場	1.垃圾不落地 2.不隨便否定他人的言行舉止

③ 設定行動目標

為了確實朝著目標邁進，必須對部門中每位同仁及每一項業務內容設定目標。

而設定行動目標其實就近似於進行假設，也就是為了達成目標而試著想像應採取何種行動，接著將行動內容具體化並設定行動目標，最後再加以實踐。具體而言，必須意識到實踐目標的「人物」與「時間」兩大重點。

舉例來說，當把開發新客戶而達成5,000萬利潤作為部門的

預算目標，並以部門毛利率50％來思考，這時必須接著設定毛利率。由於考慮到對方為新客戶，因此便將毛利率設定為40％，而必須的銷售收入則可由下述等式求得。

5,000萬元÷40％＝12,500萬元

為了達成此銷售收入，可先列出作為候補選項的客戶，並且決定該業務的負責人。而視情況不同，也可以將全新的客戶列入候補名單當中。而最後為了讓負責人能依循個人步調開始進行交易業務，就必須思考所需內容，並將其設定為目標。

7－5　設定行動目標

新開發利潤5千萬元	
課長	分析部門同仁未達成目標的理由、立即採取對策
A先生	甲公司銷售收入為3,000萬元 利潤1,200萬元 每月定期訪問1次以上，至6月為止會帶客戶參訪2次自家公司賣場 至8月為止持續提出促銷方案
B先生	乙公司銷售收入為1,000萬元 利潤400萬元 至4月為止選出10件新開發客戶候補名單 至5月為止持續拜訪新開發客戶候補名單，6月前完成促銷計畫，至7月為止持續實行促銷計畫
C先生	…………
D先生	…………

　　找出為了達成部門目標所需的「內容」，並且思考為了實踐該「內容」而必須採取何種行動。只要像這樣具體地思考，就能夠決定出最後的行動目標。

03

訂定計畫抓住5要點，你也能讓業績起死回生

閱讀重點→

本章節將說明訂定PDCA當中的P（計畫），以及設定目標時不可或缺的重點。

　　如同前一章節所說明的，訂定計畫時最重要的關鍵，即在於能否落實行動目標，另外該行動目標的精準度也會受到考驗。

　　行動目標於PDCA能否順暢地循環，將產生重要影響，因此接下來，將說明訂定計畫時所應注意的重點。

訂定計畫時的5大重點

重視訂定計畫時依循的流程

　　編列預算將會決定部門今後一整年的方向。決定各項數值雖然十分重要，但訂定預算所依循的流程同樣不可輕忽。具體流程將於之後再說明。

　　作者曾協助過許多不同的公司訂定計畫，並看過各種不同擬

定計畫的現場。即使認定不願意投入時間而只求成果的公司100%會失敗，亦不為過。

反過來說，只要不吝投入時間研擬良好的計畫內容，就能相對提高成功的可能性。

進行思考

訂定計畫中的具體流程之一，即是「思考」。

例如該採取何種行動才能確實達成預算目標，而實際上又該如何實踐該行動，如此反覆思考正是重點所在。

無須贅言，人總是因為思考而成長。由自己親身力行思考，並本於自己想出的計畫來實踐，如果能順利進行即表示自己的思路無誤，而一旦碰上窒礙難行的狀況時，則應反思「為何狀況不如預期順利？」並且思考下一個對策。

而在訂定計畫時，必須進行思考的主角並非課長本身，而必須是部門的成員。

課長工作是在成員處於思考階段時進行支援。如果課長只是不斷指示，要求成員按命令行動，往往只會帶給對方受到強迫的負面感覺。

因此課長應思考該如何讓部門成員主動思考，藉由自身的思考引發工作動力，並且引導成員一同努力朝著達成目標的方向前進。

　　當發現部門成員訂定的計畫不夠周全或過度預測時，課長可和成員一同透過模擬試算來補其不足之處，透過數字的說明，將更能夠讓對方打從心底理解，而這時候正是發揮會計能力的絕佳時機。

　　但是，無論再怎麼反覆推敲思考，也不能保證狀況就會如想像般順利。想必各位讀者也應該有過公司預算目標和現實漸行漸遠，而不禁懷疑起持續使用預算目標是否有意義的經驗。

　　要完全預測未來是不可能的事，因此也會有人認為「沒有必要設定預算目標」。

　　但是，如果在完全沒有目標的狀況下，任由公司和部門憑著個別意志活動，往往只會讓狀況越變越糟。只要分析公司目前所屬的狀況和現狀，應該就能做到某種程度的預測。由此可知，「思考」於訂定計畫流程中仍有相當的重要性，而在這樣的前提下，預算制度也確實是難以取代的優秀制度。

　　即使預測失準也無妨。因為預測和實際狀況有出入亦是相當重要的經驗。因此即使預測失準，只要到時再修正計畫即可。而修正的過程，也可視為訓練之一，當這樣的訓練經驗逐漸累積後，之後就能做出更精準無誤的預測。

疏通意見

訂定計畫過程中，需把握的第二個重點，則是和部屬間的溝通。身為部門領導者的課長理所當然有此責任，但真正的問題則是在於目的。

在進行意見疏通時，應將讓部門同仁產生工作動力視為最主要的目的。

作者至今已看過無數的經營現場，並且深刻感受到達成預算的關鍵，其實往往是掌握在第一線職員手中。

事實上，預算目標能否順利達成，關鍵就繫在個人的想法之上。

舉例來說，無論多麼完美無缺的計畫，如果沒有實行的意願，最後還是會無疾而終。若再說得更加明確，可以想見即使計畫當中多少有些疏漏，但若執行者有著使命必達的幹勁，就能大幅提升業績達標的可能性。

日本航空重整再生即是一個很好的實例。日本航空在實質破產後，卻能在極短時間內重新整合公司並再生成功。由於日本航空是歷史悠久的上市公司，因此在破產前已經擬定了相當完整的後續計畫，並且每位職員都有各自需達成的行動目標，而加以實踐的結果正如各位所見，公司確實重新站穩了腳步。

　　而自從當時受到託付進行再生工作的稻盛和夫當上會長後，整間公司就以相當快速的步調發生改變。然而在作者的觀察中，改變最為劇烈的，仍是該公司職員對於工作的意識。

　　為了讓公司長久生存，同時也為了完成讓公司再生的重責大任，日本航空職員意識到必須從自身開始改變想法，最後才能成功地達成目標。

　　要讓職員產生想要主動實行的意識，或是必須達成預算目標的想法並不容易。但是至少不能夠讓職員產生「受到強迫」的負面感覺。

嘗試導入公司理念

　　當感到無法順利管理部門時，可試著導入公司的理念來調整。

　　當公司理念能夠深入部門之中，並且讓職員感受到達成預算目標即能更加接近公司理念時，整體對於努力達成預算目標的意識即會隨之提高。

　　但是這樣的變化，僅限於公司理念確實深入部門的前提下，因此請務必進行確認。

訂定每一位成員專屬的預算目標和行動計畫

當敲定部門整體的預算金額後，接著就要由部門成員來分擔各項工作。在分配時應考量目前的負責團隊、工作經歷、客戶狀況及部門目前的活動方針等，並進行綜合性評估。

分配完每一位成員需達成的預算後，最後必須決定各自的行動計畫。而實行時建議應同時決定預算金額和行動計畫。

接著來看看某位部門成員思考A公司計畫的狀況。就現狀來看，A公司的年銷售收入為100,000千元，目標銷售收入則為120,000千元時，便會以120,000千元為目標。而負責成員的工作則是思考具體的行動計畫，以彌補中間的20,000千元的差額。這時候就會試著做出如下頁圖7－6的行動計畫表。

在此為了增加20,000千元的差額，於是便設定出新的業務方針，並決定將以新商品鋪貨於店鋪通路的銷售方法為主軸。

具體而言，接下來會將執行方針落實於行動計畫之中。例如和客戶定期開會討論，定期訪問進行提案，或是找出新的店鋪通路加強鋪貨力道。而這些行動都會按月進行。

此外，也必須讓預算金額和行動計畫擁有能逐月進展的整合性。在此以7月將採購新商品並於同月鋪貨至新店鋪為目標，按月計算預算金額和行動計畫。

7－6　各成員之具體行動目標範例

A公司　　　　　　　　　　　　　　　　　　　　　（單位：千元）

銷售方針：買進新商品並同時擴大銷貨通路				
執行方針	4月	5月	6月	7月
銷售預算：120,000 毛利預算：12,000	銷售收入：9,000 毛利：900	銷售收入：9,000 毛利：900	銷售收入：9,000 毛利：900	銷售收入：10,000 毛利：1,000
買進新商品				新鋪貨通路
行動目標				
① 和客戶一同用餐並且討論交易內容……2次	定期拜訪1次	定期拜訪1次	和客戶用餐 定期拜訪1次	定期拜訪1次
② 定期拜訪……1次／月 ③ 提案……每拜訪2次進行1次		提案1次		提案1次
擴大鋪貨店鋪通路				
開發新的銷售目標店鋪	審查候補店鋪狀況	開發候補店鋪		
檢視當月業績				
訂定次月執行方針				

　　如上述般由負責人自行思考並訂出計畫，再由課長和部門成員一邊溝通，一邊共同思考達成目標的對策，並且針對不足的部分提出改善建議。

　　這麼做雖然必須投入時間，但若不經過這樣的程序，要達成預算目標將會相當困難。當然，要量身訂定每一位客戶的計畫也一樣耗時費力，因此重點式地訂出詳細計畫即可。

04 Do ▶ 抓到實踐計畫的3重點，提升團隊的動力

閱讀重點→

本章節將說明為達成預算目標，進行PDCA當中D（實行）時所必須注意的重點。

實行時的3大重點

課長的態度

實行PDCA時必須要有領導者帶領。若要達成的是部門預算目標，就必須由課長扮演領導者的角色。而關鍵則在於課長自身的態度。也就是說，課長必須自為表率地努力投入其中。這是因為無論再怎麼喝叱或激勵部屬，若課長自己無法相信會達成預算目標並率先行動，成員也不會起而效法。

訂定計畫後只要注意負責人所採取的行動並進行管理，一般而言即可達成計畫。而一旦無法如期達成計畫，許多人就會將責任歸咎在負責人身上。然而事實上，部門成員隨時都會注意課長的工作狀況，因此光只是作出指示而不在現場，部門成員往往也

不會心甘情願地接受。唯有課長本身也展現出賣力工作的模樣，才能讓部門成員主動地投入計畫之中。

至今作者依然記憶猶新的，是一間為了達成事業計畫而全員努力執行各項方針的公司。該公司雖然相當拚命，但卻遲遲難以拿出實際的成果。

而相關高層也曾為此而倍感壓力。直到某次，負責人竟突然說：「我們不想再繼續訂定事業計畫了。」從那之後，所有成員對工作的熱情也都因此冷卻，而事業計畫也就因此無疾而終了。

雖然要達成預算確實不是一件容易的事，但是當課長說出「打從一開始就不可能達成這個數字」或「真不想訂出這種預算目標」之類的喪氣話時，必定會導致部門成員的工作動力直線下滑。

思考和實行並進

在此要反覆強調的是執行預算時的「思考」。雖然止於思考而不展開行動也會產生問題，但如果沒有先思考就投入行動，也無法提升達成預算目標的機率。

無論成功或失敗，都應該仔細思考背後的理由。只要能理解成功的理由，就能提高下一次繼續保持成果的可能性，同樣地，檢討失敗原因則可以避免重蹈覆轍，並同樣提高成功的機率。

讓部門成員自我控管

在實行階段中，課長最重要的責任並不是使用目標數值來管理部門成員，而是引導部門成員自行管理各項目標數值。

採行預算制度而失敗的實例中，多數是因為領導者試圖管理目標而導致成員失去工作動力，最後使得整個部門陷入惡劣的氛圍之中。如此一來，要達成目標業績自然也會成為不可能的任務。

以標準數值進行管理，在短期內或許能收到成效，但若持續至中長期，則可能產生反效果，因此不可不慎。

在開頭案例7中，福田曾經使用預算數據要求部門成員必須依指示達成。然而最後卻反而造成成員反彈，並且開始找藉口搪塞無法達成目標的狀況。這正是領導者越逼迫部屬，反而越容易造成部屬灰心喪志的例子。想必各位應該也曾有過類似的經驗。

那麼，究竟該怎麼做才能讓部屬心悅誠服地採取行動呢？

其實只要讓每一位成員決定各自的目標，並且創造出讓每個人，均能朝著該目標工作的環境即可。課長的任務在於讓每一位成員，都能擁有完成工作的動力，為此進行思考、感受、付出及支援。

　　實際業績會和預算目標背道而馳，可能是訂定計畫時狀況發生變化，或是無法達成行動目標，也可能是行動目標的實行效果不如預期等。這些都應由課長指示負責人釐清狀況，時而和負責人一同討論思考，並且指導部屬擬定因應對策。

05　Check‧Act▸學會引導管理法，目標達成率超過120%

閱讀重點→

本章節將說明為達成預算目標，進行PDCA當中C（驗證）時必須注意的重點，同時學習能夠將其和PDCA中的A（改善）相互連結的方法。

來到PDCA的階段C時，必須比較目標和實績，確認行動計畫的進度並檢視效果。在此則應藉由會計的力量，明確化預算金額、實際金額及達成度等數據。

然而即使計算出達成度，也不需在此時立刻向部屬說明或做出指示。因為引領計畫的主體依然是部門成員，因此成員必定也很清楚缺少哪些部分。故課長只需以會計來引導部門成員憑自己的力量，來達成預算的方向。

那麼，究竟應該怎麼做才能順利地引導部門成員走向正確的方向呢？在此將檢視幾個預算和實際業績的比較範例並進行說明。首先是下圖7－7的預算實績管理表。

7-7 預算實績管理表範例 ①

（單位：千元）

A 公司	本月			累計金額				
	預算	實績	**差距**	預算	實績	前期累計	**預算差距**	實績差距
	10,000	8,000	**-2,000**	60,000	45,000	46,000	**-15,000**	1,000

差距產生理由
客戶需求減少

　　許多公司都可看到如上圖般的預算實績管理表。這並非行動計畫，而是單純以數字呈現並決定預算的表格。而如果能夠再加上進度管理，就能多少掌握目前的狀況，然而卻難以進行A（改善）。這是因為預算和實績的差距只能判斷為需求減少，而需求減少也只能由其他部分填補，並沒有其他方法可想。

　　另外，類似這樣的預算實績管理表，往往會以過度偏重和過去數據比較的形式呈現。這是因為預算金額尚未明朗化，因此即使和預算比較也不具太大意義。

　　接著繼續來檢視編列預算時，需列出細項的狀況。

7-8　預算實績管理表範例 ②

（單位：千元）

A公司	本月			累計金額				
	預算	實績	差距	預算	實績	前期累計	**預算差距**	**實績差距**
	10,000	8,000	**-2,000**	60,000	45,000	46,000	**-15,000**	**-1,000**

差距產生理由
客戶需求減少

	預算	實績	前期累計	預算差距	實績差距
數量（千個）	600	474	460	**-126**	**14**
單價（元）	100	95	100	**-5**	**-5**

上圖中於編列預算時，加入了數量和單價。讓我們以此表來評估預算和實績的狀況。

在此產生差距的理由為客戶需求減少，但和前期比較後，該數量本身雖然不達預算標準，但確實有提升的狀態。若再檢視單價，可發現單價反而有下滑的趨勢。透過和前期比較可發現問題並非出在需求量減少，而是單價下滑造成的狀況。而和預算比較後，亦可發現數量和單價均有下滑的趨勢。

此表比起前面的圖7-7更能讓閱表者詳細地掌握狀況。當發現問題為單價下滑時，即可考慮採取調整數量和單價之間的平衡因應對策。

但是，光是如此依然無法理解負責人採取了何種做法而導致目前的狀況。因此頂多只能以「雖試圖擴大銷售，但並未達成目標」來解釋。

在此假設負責人採取的方針為擴大銷售，並且訂定為實現該方針的行動目標，然後來比較其結果。

7−9　行動目標與結果

執行方針	
擴大銷售方針：購入新商品並且擴大鋪貨店鋪通路	
行動目標	行動實績
和客戶一同用餐並且討論交易內容2次	進行2次
定期拜訪1次／月	2／6次
提案——每訪問2次提案1次	1／4次
擴大鋪貨店鋪通路	
開發新的銷售目標店鋪	未完成

由實行計畫的成員擬定行動計畫，並且自行管理計畫進度。如此一來，該結果即為自己計畫帶來的結果，而為何無法達成目標也能夠由自己來思考，因此便能夠為了進行A（改善），而再次訂定計畫並且採取行動。

即使部屬以「努力不夠」當成無法達成預算的理由，只要有此表格作為參考，就能一眼看出真正的理由在於太少拜訪客戶且

提案不足。此時身為課長的自己不應針對問題責備，而應該引導部屬思考為何無法達成既定的訪問次數，以及該怎麼改善才能提升訪問次數。課長可一邊聆聽部屬的看法，一邊支援其為改善所訂定的計畫或對策。這時候也不需改變預算數值，而可以思考如何改善為了達成擴大銷售所需的行動計畫。

　　舉例來說，當客戶不願意和己方接觸時，不妨由課長一起同行，且在拜訪後務必約定下次拜訪的時間。而這些方案均可列入行動計畫中並評估可行性。

　　若對方無法撥出時間，則可和部屬一同思考該如何調整和對方接觸的方式，並且共同實踐改善對策。

　　由於銷售收入取決於客戶，因此亦有付出努力也未必能獲得相對報酬的狀況。如果光把金額視為結果來管理，一旦無法獲得相對金額時就會備受打擊。然而行動目標能否達成卻是取決於自己。當達成時將能獲得成就感，而實行行動計畫後如能夠和銷售收入產生連結，也會使得動力獲得提升且更加投入工作之中。

　　接著將透過另一個範例來檢視新設帳戶的狀況。

7－10　新設帳戶的預算實績管理表

（單位：千元）

A 公 司	本月			累計金額				
	預算	實績	差距	預算	實績	前期累計	預算差距	實績差距
	500	0	**-500**	3,000	0	0	**-3,000**	**0**

　　如果以此預算和金額來設定計畫，要達成預算目標的可能性想必會變得極低。

　　事實上，作者在擔任業務員的時代，做出的管理表大約就是這種水平。當時我會列出能夠作為候補的2～3間公司來填補內容不足，如此一來，就能算是獲得了新客戶，但卻無法達成預算目標。而腦中雖然也曾思考過行動計畫，但當計畫進度不如預期時，就開始變得不想拜訪客戶，並且經常用忙碌當藉口躲避或延後拜訪新客戶的時間，最後當然是以無法達成預算目標收場。

　　如果能夠加上圖7－11的行動目標和實績表，當時作者的業務工作必定能夠做得更加完善。

7－11　為獲取新設帳戶所設定的行動目標與結果

執行方針	
擴大銷售方針：爭取2間新的往來客戶	
新客戶	
行動目標	行動實績
開發新的銷售目標店鋪10間	開發新的銷售目標店鋪10間完成
拜訪目標店鋪	拜訪目標店鋪完成
訂定促銷計畫4件	訂定促銷計畫4件
中實行促銷計畫	促銷計畫2件實行中

　　如此一來，實行計畫者本身也能夠更加容易管理進度。如果沒有明確列出計畫，而只是記憶在頭腦裡，往往會因日常忙碌的工作而將各項計畫往後延（作者就是個活生生的實例），且光憑頭腦思考也可能無法訂出完善而適當的計畫。因此必須要將計畫數值及文字可見化後再加以實行。

　　仔細檢視表中的數字後，可以發現行動確實有按照進度進行，但卻無法和銷售收入產生直接的連結。這或許能解釋為效果會於今後才出現，但當持續實行卻遲遲看不見效果時，就應該再次檢討並重設行動計畫。藉由這樣訂定並加以管理計畫的方式，將更容易掌握進度，並且也能夠清楚找出實現計畫需要的對策。

7－12預算實績管理表範例 ③

（單位：千元）

		本月			累計金額				
		預算	實績	差距	預算	實績	前期累計	預算差距	實績差距
A公司	銷售收入	10,000	10,005	5	60,000	60,030	46,000	30	14,030
	毛利	1,000	1,000	0	6,000	6,000	4,600	0	1,400
	毛利率	**10%**	**10%**		**10%**	**10%**	**10%**		

	預算	實績	前期累計	預算差距	實績差距
數量（千個）	600	610	460	**10**	**150**
單價（元）	100	98	100	**-2**	**-2**

執行方針	
擴大銷售方針：爭取2間新的往來客戶	
購入新商品	未完成
行動目標	行動實績
・和客戶一同用餐並且討論交易內容2次	實行2次
・定期拜訪1次／月	2／6次
・每拜訪2次提案1次	1／4次
擴大銷售店鋪通路	
開發新的銷售目標店鋪	未完成

　　無論是銷售收入或毛利數字都超過原訂計畫，光檢視數字可說已臻完美，然而從實際行動看來，卻是幾乎處於完全未達成的狀況。

　　這即是「過於注意數字而忽略了行動計畫未實行」的狀況。

因此，這種時候除了確實把握住數值達標的理由，課長也應主動

提醒負責人，必須確實地管理行動計畫。

7－13　預算實績管理表範例 ④

（單位：千元）

		本月			累計金額				
		預算	實績	差距	預算	實績	前期累計	預算差距	實績差距
A公司	銷售收入	10,000	10,005	5	60,000	60,030	46,000	30	14,030
	毛利	1,000	800	-200	6,000	3,910	4,600	-2,900	-690
	毛利率	10%	8%		10%	7%	10%		

	預算	實績	前期累計	預算差距	實績差距
數量（千個）	600	610	460	10	150
單價（元）	100	98	100	-2	-2

執行方針	
擴大銷售方針：購入新商品並且擴大鋪貨店鋪通路	
購入新商品	已完成
行動目標	行動實績
・和客戶一同用餐並且討論交易內容2次	實行2次
・定期拜訪1次／月	6／6次
・每拜訪2次提案1次	4／4次
擴大銷售店鋪通路	
開發新的銷售目標店鋪	已完成

　　從行動計畫來看，可以發現新商品已確實完成進貨，且進度也按照行動計畫在實行。若改從金額檢視，可以發現銷售收入已經達標，但毛利卻尚未達到標準。

　　而毛利和單價實績也有下滑的趨勢。至於單價下滑的原因，則可認為是以較便宜價格買進增加的商品數量所致。

　　如此一來，或許能夠瞭解毛利減少的理由，但是仍難以說明毛利下滑的原因，因此需更進一步分析該原因。將成本部分拆解為數量和單價後即可得下表。

7－14　將成本分解為數量和單價

進貨價格

	預算累計	實績累計	前期累計
數量（千個）	600	610	460
單價（元）	90	92	90

　　進行分析後即可發現進貨成本有增加的狀況。由於成本支出增加，因此即使實行行動計畫來增加銷售收入，毛利依然會變得比預算目標及前年來得更低。

　　這時候應於行動計畫中新增需降低成本的目標。首先必須先藉由分析來找出成本增加的理由，再基於該原因來訂定為降低成本所需的行動計畫。

　　如同此例所示，在驗證階段將會同時檢視金額和行動。當發現金額和行動狀況落後於進度時，就得先找出原因並且為改善而修正計畫，然後再度實行。

　　至此說明了透過PDCA循環來進行預算及實績的管理方法，不曉得各位讀者是否記住了呢？

　　進行PDCA循環無論對組織或個人，都是應該具備的基礎能力。但是該能力並非打從一開始就擁有。以職業運動選手為例，必須紮實地進行體能訓練，才能確實提高基礎體力。但是即使具備體力，也不一定就保證能夠贏得比賽，但是若缺少體力，贏得比賽的可能性就會相對降低。因此每一位職業運動選手，都會夙夜匪懈地進行基礎體力的訓練。

　　PDCA就和體力一樣，即使順利地達成PDCA循環，也未必就能確實達成預算數值。但是若缺少PDCA循環，就不可能達成預算目標。希望身為課長的各位，均能抱持這樣的概念來進行部門的經營管理。

POINT OF THIS CHAPTER

本章重點整理

☑ PDCA是指讓P（計畫）、D（實行）、C（驗證）、A（改善）循環的方法。預算制度即是一種PDCA。

☑ 為了達成依循預算制度編列出的預算目標，必須讓PDCA確實在組織部門中循環。

☑ 為了落實PDCA循環，必須讓部門成員擁有自行思考的動力，並且由課長管理每一位成員的目標進度。

☑ 課長的任務在於，藉由疏通意見，支援部門同仁進行PDCA循環。

☑ 會計數字可以讓部門成員產生工作動力，但也可能剝奪其原本擁有的熱情，因此務必謹慎運用數字。

改變管理方法，落後的業績在半年內追上了！

一如往常地被各種業務追得喘不過氣的福田，忽然接到部門同仁中星野打來的電話。

「福田課長！我們爭取到艾普利商店的生意了！」

「真的嗎！星野，做得好啊！這麼一來這個月就能達成業績目標了！」

就在同一時間，福田電話周圍的部門同仁也跟著響起了勝利的歡呼聲。

雖然星野都能達成每個月的行動目標，但卻總是沒辦法拿出最後成果。因此每個人都為他這次能夠順利達成預算目標而高興。原本部門士氣一度瀕臨瓦解的5課在上半期結束後不久，竟宛如脫胎換骨般，呈現出幹勁十足的光景。

而理由無須贅言，當然是部門業績順利恢復的原因。營業部門的業績報告也顯示「距離達成年度預算只差一步而已」，由此不難看出，該部門的業績狀況已經恢復到連部長都不禁出聲打氣了。

為了回應部長的期待，報告完業績後，福田立刻意氣風發地朝著部門走去準備主持部門會議。就在此時，神木課長叫住了他。

「喂～，福田課長，你們部門看起來還蠻順利的嘛！」

「啊，神木課長，這一切都是多虧了您的幫忙。真的非常感謝您。」

「沒那回事啦，如果你只是照著我說的做，不可能讓部門循環得這麼好，你真的很努力。」

「我只是運氣比較好而已。上次聽完神木課長的指教後，我就下定決心要從當下開始重新振作，然後我的部屬田中很快就找到了一間大客戶。」

「喔，你是說馬哈拉公司吧。」

「是啊！從爭取到那間大客戶後，整個部門氣氛也變得越來越好……，然後我就開始實行神木課長所教的經營管理方法，才發現自己先前真的都沒有和部門同仁好好溝通。託您的福，如今才能讓部門氛圍變得這麼融洽。」

「這樣啊。看來你已經掌握住善加運用數字的訣竅了。」

「不，我覺得自己只是碰巧做得不錯而已。我想自己依然需要您的鞭策，所以今後也請您多多指教了。」

「當然沒問題。那麼我看下次就別吃午餐，找個晚上好好去喝一杯如何？」

「好耶～。那麼事不宜遲，就挑今晚如何？當然一定要讓我請客。」

福田難掩喜悅地說著，他的臉上看得出充滿了無窮的希望。

國家圖書館出版品預行編目（CIP）資料

超圖解 PDCA 會計書：一流的你，如何年年達成 120% 的年度目標？
／木村俊治著；石學昌譯
　-- 三版. -- 新北市：大樂文化有限公司, 2022.11
304面；14.8×21公分. --（Biz；090）
譯自：会計がわからない課長はいらない
ISBN 978-986-5564-60-5（平裝）
1. 企業會計學
495　　　　　　　　　　　　　　　　　　　　　　110017627

Biz 090

超圖解 PDCA 會計書（暢銷會計版）
一流的你，如何年年達成 120% 的年度目標？
（原書名：《一流主管超強會計報告製作術》）

作　　者／木村俊治
譯　　者／石學昌
封面設計／江慧雯
內頁排版／思　思
責任編輯／費歐娜
主　　編／皮海屏
發行專員／鄭羽希
財務經理／陳碧蘭
發行經理／高世權、呂和儒
總編輯、總經理／蔡連壽
出 版 者／大樂文化有限公司
　　　　　　地址：新北市板橋區文化路一段 268 號 18 樓之 1
　　　　　　電話：（02）2258-3656
　　　　　　傳真：（02）2258-3660
　　　　　　詢問購書相關資訊請洽：（02）2258-3656
　　　　　　郵政劃撥帳號／50211045　戶名／大樂文化有限公司

香港發行／豐達出版發行有限公司
地址：香港柴灣永泰道 70 號柴灣工業城 2 期 1805 室
電話：852-2172 6513　傳真：852-2172 4355

法律顧問／第一國際法律事務所余淑杏律師
印　　刷／韋懋實業有限公司

出版日期／2015 年 10 月 12 日 初版
　　　　　　2022 年 11 月 29 日 暢銷會計版
定　　價／340元　（缺頁或損毀的書，請寄回更換）
Ｉ Ｓ Ｂ Ｎ　978-986-5564-60-5

大樂文化